AF342736

# RECHERCHES

SUR

# LA COMPOSITION DES BLÉS TENDRES

## FRANÇAIS ET ÉTRANGERS

PAR

## AIMÉ GIRARD

ET

## M. E. FLEURENT

DOCTEUR ÈS SCIENCES, PROFESSEUR AU CONSERVATOIRE NATIONAL DES ARTS ET MÉTIERS

(Extrait du *Bulletin du Ministère de l'Agriculture.* — 1899, n° 6)

# PARIS

## IMPRIMERIE NATIONALE

M DCCCC

# RECHERCHES

SUR

# LA COMPOSITION DES BLÉS TENDRES

## FRANÇAIS ET ÉTRANGERS,

PAR

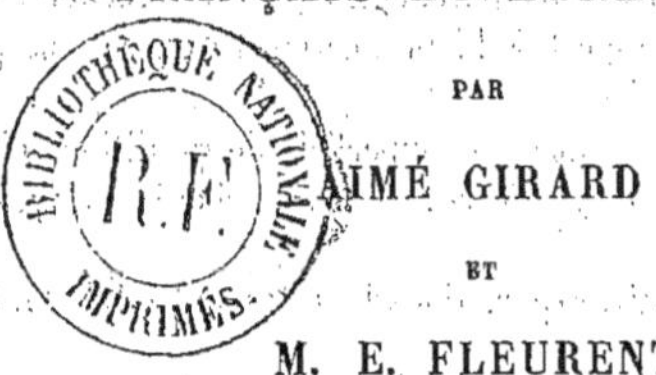

AIMÉ GIRARD

ET

## M. E. FLEURENT,

DOCTEUR ÈS SCIENCES, PROFESSEUR AU CONSERVATOIRE NATIONAL DES ARTS ET MÉTIERS.

Le travail qui fait l'objet de cette publication a été commencé au mois de mai 1896 et il a été poursuivi jusqu'à la fin de l'année 1898.

Le 12 avril 1898, au moment où la mort frappait si inopinément Aimé Girard, sur cent deux variétés de blés, tant françaises qu'étrangères, soumises à l'analyse chimique, quatre-vingts avaient été examinées et avaient fourni par conséquent des résultats déjà suffisamment nombreux pour que leur interprétation pût conduire à des conclusions générales. Ces conclusions, soit d'ordre économique et agricole, soit d'ordre purement scientifique, ont été confirmées en tous points par les analyses ultérieures que j'ai continuées, de telle sorte que, je tiens à le dire en commençant, l'ensemble des recherches que je présente aujourd'hui est aussi bien l'expression de la pensée d'Aimé Girard que de la mienne.

Qu'on me permette donc d'exprimer ici les regrets que j'éprouve d'être maintenant chargé seul d'une publication à laquelle le Maître attachait tant de prix; j'ai conservé la forme qu'il rêvait de lui donner et si le lecteur retrouve dans cet exposé un peu de cette clarté qu'il savait faire régner dans tous ses écrits, je serai largement récompensé de ma peine.

E. FLEURENT.

## INTRODUCTION.

Quelques mots d'explication sur l'idée dominante qui nous a dirigés dans le cours de ce long travail ne seront pas inutiles.

C'est au point de vue exclusif des besoins de notre industrie meunière et de ses rapports avec l'agriculture française et le commerce étranger que nous avons envisagé, dans cette étude, la production du blé dans le monde.

Lorsqu'on examine, en effet, ainsi qu'on a coutume de la désigner, la question des céréales et en particulier la question du blé, on oublie trop souvent que cette dernière surtout présente une double face, agricole et industrielle, et que, pour être complète, l'étude de cette question se ramène nécessairement à l'examen des intérêts des deux parties en présence, parties qui sont représentées, d'une part simplement par les agriculteurs français, d'autre part par les meuniers, les boulangers et les consommateurs.

Plaçons-nous d'abord au point de vue purement agricole et recherchons la conclusion la plus générale que, par rapport à la production française, on peut formuler dans cette voie.

La culture du blé couvre en France une superficie de 7 millions d'hectares environ. Pour les quatre années, 1892 à 1895, la récolte s'est élevée à 347,370,000 quintaux métriques [1].

Les importations nettes, c'est-à-dire exportations déduites, ont été de 22,390,000 quintaux métriques.

Il résulte de ces chiffres que la récolte moyenne annuelle a été de 86,842,500 quintaux métriques, l'importation nette annuelle étant de 5,597,500 quintaux métriques, soit 6.445 p. 100 de la production.

La quantité de blé livré à la consommation est donc annuellement de 92,440,000 quintaux métriques.

Au chiffre moyen actuel de la production, qui est de 86,842,500 quintaux métriques, le rendement moyen est à l'hectare de 12,4 quintaux métriques. Pour obéir aux besoins de la consommation qui est de 92,440,000 quintaux métriques, il serait nécessaire que ce rendement fût élevé à 13,2 quintaux métriques.

Sans entrer dans d'autres détails, la conclusion générale à laquelle conduit l'analyse de ces chiffres est donc la suivante : si, dans notre pays, le rendement moyen à l'hectare était relevé régulièrement de 12,4 à 13,2 quintaux métriques, soit de 80 kilogrammes environ, c'est-à-dire un peu plus d'un hectolitre, la consommation française serait ainsi affranchie de l'importation étrangère, au grand avantage de notre agriculture [2].

Cette conclusion, toute logique qu'elle paraisse, peut-elle cependant être admise sans restrictions? C'est ce qui nous reste à examiner en étudiant maintenant cette question sous son deuxième aspect, l'aspect industriel.

C'est, en général, sous la forme de pain qu'est consommée, en France, la plus grande partie du blé produit et importé. Ce blé est, dans tous les cas, transformé en farine chez le meunier qui livre ses produits au boulanger, lequel est en relation directe avec le consommateur.

Or ce dernier a des exigences spéciales, variables avec chaque région, différentes à la ville et à la campagne, exigences auxquelles le boulanger doit satisfaire, qu'il impose par conséquent lui-même à son fournisseur, de telle sorte que, avec le meunier, nous devons nous poser le problème suivant : Les blés mis en vente sur le marché par l'agriculture française et le commerce étranger ont-ils des qualités boulangères identiques? Parmi les variétés cultivées en France, les unes ne sont-elles pas supérieures

[1] La production du blé en France, par L. Grandeau. *Journal des Économistes*, 15 novembre 1898.

[2] Depuis l'époque à laquelle ce travail a été entrepris et depuis sa rédaction, les chiffres de la récolte des années 1898 et 1899 semblent montrer que nous sommes arrivés à ce point, mais cela ne change en rien les conclusions de ce travail qui, nous le répétons, n'envisage la question du blé qu'au point de vue purement industriel.

aux autres, et n'y aurait-il pas, dès lors, intérêt à ce que notre agriculture fît, entre elles, un choix judicieux?

L'importance de ces questions n'échappera à personne.

La qualité boulangère d'un blé est, en général, définie par la quantité de gluten que contiendra, à un taux d'extraction déterminé, la farine que ce blé fournira à la mouture. De plus, le gluten n'étant pas un composé défini, cette quantité ne sera nettement établie que lorsque sera exactement connu le degré d'extensibilité maximum que ce gluten pourra prendre, dans le travail de boulangerie, sous l'action de la pression des gaz pendant la fermentation et pendant la cuisson.

Ces variations dans la quantité et dans la qualité du gluten imposent en effet, au pain fabriqué, et notamment à la mie, une texture tout à fait spéciale qui peut aller d'une extrême compacité à une porosité très grande, d'une grande friabilité, caractéristique d'un excès d'amidon, à une élasticité et une solidité relativement importantes, caractérisant au contraire l'augmentation des matières azotées insolubles dans l'eau.

Mais ces pains de qualité si différentes ne sont pas fournis sans appel à telle ou telle catégorie de consommateurs et on peut dire que si les exigences de ceux-ci sont variables d'une région à l'autre, d'un grand centre à un autre, il n'en est pas moins vrai que, pour un endroit déterminé, ces exigences sont parfaitement fixées, bien connues par conséquent du boulanger qui doit les satisfaire.

Il suit de là que, aux environs des grandes villes notamment, où toutes ces exigences peuvent se rencontrer à la fois, le problème posé au meunier devient parfois assez compliqué et l'on peut se demander si ce meunier, quelles que soient ses connaissances pratiques, ne sera pas amené, la plupart du temps, à se tromper dans son choix, presque toujours basé sur des données empiriques, ou si même il pourra toujours rencontrer, parmi les blés français livrés sur le marché du rayon où il travaille, des qualités pouvant s'assouplir à toutes les nécessités de son industrie.

On le voit, ainsi examinée sous sa face industrielle, la question du blé, dans l'état de nos connaissances actuelles, nécessite un complément d'informations, et pour les raisons précédentes qui sont les causes dominantes, pour d'autres encore qui viendront se grouper à leur place au courant de cet exposé, nous avons entrepris, dès 1896, le travail dont nous faisons connaître, aujourd'hui, les conclusions générales.

<h1 style="text-align:center">I</h1>

## DE L'ANALYSE DES BLÉS.

Nous dérogerons à une règle générale en ne faisant pas, au début de ce mémoire, la bibliographie des analyses des blés publiées par différents chimistes. La raison en est simple.

C'est, en effet, principalement au point de vue des renseignements que l'analyse du grain de froment peut fournir à l'industrie, que nous nous sommes placés dans nos recherches. Or, les procédés auxquels on a recours, depuis cinquante ans, pour établir la composition des blés ne sauraient apporter à la meunerie les indications qu'exige leur transformation en farine panifiable et en bas produits.

Appliqués, en effet, au grain pris dans son entier, ces procédés peuvent bien aboutir à la détermination globale des matières azotées, hydrocarbonées et minérales que ce grain contient, mais ils ne peuvent apprendre au meunier quelle quantité de farine il en peut retirer, quelle sera la valeur de cette farine, non plus que la proportion et la valeur des issues qui formeront le résidu de la mouture.

C'est à un point de vue différent que, à notre avis, il convient de se placer lorsqu'on se propose d'éclairer l'industrie meunière sur la qualité des blés que l'agriculture lui offre; c'est, non pas sur le grain entier grossièrement divisé, mais sur le grain analysé mécaniquement et déjà séparé en ses parties principales que l'analyse chimique doit porter. Toute analyse de blé, en un mot, pour être utile, doit être précédée d'une mouture rationnelle qui sépare le grain en farine panifiable d'un côté, d'un autre en bas produits et issues.

C'est donc à l'aide d'une méthode spéciale que l'un de nous a exposée précédemment[1], que les résultats qu'on trouvera plus loin ont été obtenus, et comme la plupart d'entre eux ont une destination toute particulière et qui n'a pas d'équivalent dans les analyses publiées par nos prédécesseurs, on comprend aisément que nous soyons dispensés de tout aperçu rétrospectif sur cette question.

<h3 style="text-align:center">MÉTHODE D'ANALYSE COMPLÈTE DU GRAIN DE FROMENT.</h3>

Pour rendre possible au laboratoire et précis en même temps un travail identique à celui que le meunier accomplit, MM. Brault, Teisset et Gillet, de Chartres, ont bien voulu étudier la construction d'un petit moulin à cylindres, permettant de reproduire sur 1 kilogramme ou 2 kilogrammes de blé toutes les opérations de la mouture moderne.

Ce moulin, dont le fonctionnement est des plus satisfaisants, comprend deux jeux de cylindres, l'un à cannelures hélicoïdales, l'autre à surfaces polies, dont le remplacement sur le bâti est facile. Ces cylindres marchent à vitesse différentielle et peuvent être, à volonté, rapprochés ou éloignés l'un de l'autre.

A l'aide de ce moulin, on peut, en quelques heures, exécuter les cinq broyages et les huit à dix convertissages qu'exige une bonne mouture. Un homme y suffit et les pertes inhérentes à la série des opérations exécutées, variant de 1 à 2.5 p. 100 au maximum, sont par conséquent de l'ordre de celles qu'on peut s'attendre à faire dans ce genre de traitement.

C'est sur les produits de cette mouture qu'il faut ensuite faire porter l'analyse chimique et c'est au nombre de deux qu'il convient de les réduire : d'un côté, la farine panifiable; d'un autre, les bas produits et les issues mélangés.

Le taux de la farine peut être fixé, au gré de chacun, aussi bien à 60, qu'à 70 ou 80 p. 100. Quant à nous, c'est à la formule suivante, indiquée par l'un de nous, que nous avons préféré nous tenir, formule qui réserve à l'homme 70 p. 100 au plus de farine panifiable, au bétail 30 p. 100 au moins de bas produits et issues, ces 30 p. 100 devant se retrouver plus tard sous forme de viande.

Voici, comme exemple, la succession des diverses opérations d'une mouture exécutée sur 1 kilogramme de blé Goldendrop.

---

[1] Aimé Girard, Recherches sur la composition des blés et sur leur analyse. (*Comptes rendus de l'Académie des sciences*, t. CXXIV, 1897, p. 876 et 926.)

Dans toutes nos moutures, pour l'exécution des cinq broyages successifs, l'aiguille indicatrice du degré de serrage progressif des cylindres cannelés a été amenée en regard des divisions portées sur le bâti du moulin, comme l'indique le diagramme suivant :

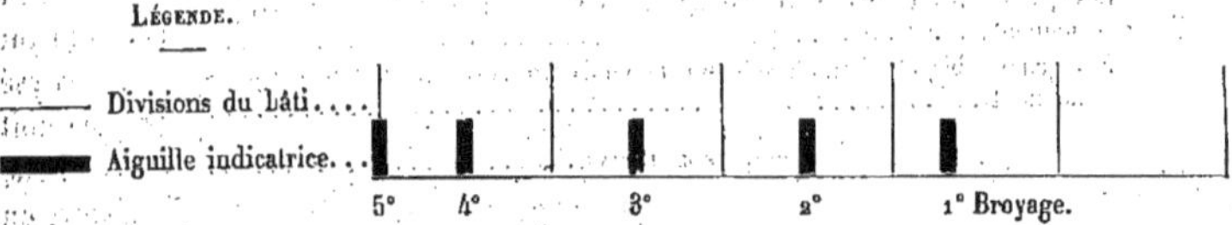


Sauf pour certains grains très petits et pour lesquels les deux premiers broyages doivent être exécutés avec un serrage un peu plus avancé, ce diagramme nous a toujours donné de bons résultats.

*Mouture sur 1 kilogramme de blé Goldendrop.*

Après chaque broyage, on pèse les produits passés au tamis n° 20 ; les refus sont renvoyés au broyage suivant.

|  | | TRAVERSANT LE TAMIS 20. |
|---|---|---|
| Broyages..... | 1er | 10 grammes. |
|  | 2e | 79 |
|  | 3e | 188 |
|  | 4e | 335 |
|  | 5e | 237 |
| Gros sons inachevés.......... | | 143 |
| Total.......... | | 992 |

Les produits du premier broyage étant très impurs (farine noire des moulins), sont mis de côté ainsi que les gros sons.

Les produits des deuxième, troisième, quatrième, cinquième broyages sont réunis et constituent la boulange.

*Poids de la boulange : 839 grammes.*

On passe cette boulange successivement aux tamis n°ˢ 40, 80 et 120 et on pèse les produits restés sur ces tamis ; le produit qui traverse le tamis 120 constitue la farine de premier jet.

| Refus du tamis 40.......... | 347 grammes. |
|---|---|
| Refus du tamis 60.......... | 214 |
| Refus du tamis 120.......... | 60 |
| Farine de 1er jet.......... | 214 |
| Total.......... | 835 |

On remplace sur le bâti les cylindres cannelés par les cylindres lisses, et, en serrant progressivement ceux-ci, on convertit successivement les gruaux restés sur les tamis 120, 80 et 40. On passe au tamis 120 et on pèse la farine qui traverse ce tamis.

*Farine obtenue à la mouture.*

Farine de 1er jet............................................................ 214 grammes.
Les gruaux blancs restés sur le tamis 120 après deux convertissages donnent.. 53
Les gruaux bis et blancs restés sur le tamis 80 après trois convertissages
    donnent................................................................. 191
Les gruaux bis et blancs restés sur le tamis 40 après trois convertissages
    donnent................................................................. 299

               TOTAL DE LA FARINE..................................... 687

*Bas produits et issues.*

Farine noire............................................................... 10 grammes.
Gros sons inachevés........................................................ 143
Refus du tamis 120 au convertissage....................................... 146

            TOTAL DES BAS PRODUITS ET ISSUES.................... 299

*Récapitulation.*

Blé employé................................................................. 1,000 grammes.
Farine obtenue................................................ 687 grammes.
Bas produits et issues........................................ 299

            TOTAL....................................... 986 .... 986

            PERTE GÉNÉRALE.................................... 14

soit 1.4 p. 100.

La farine est extraite à $\dfrac{687 \times 100}{986} = 69.70$ p. 100, soit 70 p. 100.

En surveillant, à la fin du travail et à l'aide des chiffres ainsi constamment relevés, les pertes générales faites au courant de la mouture, on peut fixer à l'aide d'un calcul simple la quantité de farine totale à extraire pour atteindre le chiffre de 70 p. 100 et on pousse alors les derniers convertissages jusqu'à ce que la quantité de farine ainsi fixée soit atteinte.

La mouture rationnelle ainsi effectuée met entre les mains de l'opérateur, d'une part, un poids donné de farine à 70 p. 100, d'autre part, un poids donné de bas produits et issues. C'est sur ces deux produits que s'effectuent, successivement, les diverses opérations analytiques.

On verra, par la suite de ce travail, que ces opérations et par conséquent les diverses déterminations auxquelles elles aboutissent sont nombreuses et variées. C'est qu'en effet, dans le cas où nous nous sommes placés, nous n'avons pas envisagé simplement l'emploi industriel des différents blés; mais aussi les déductions auxquelles un examen complet pourrait peut-être nous conduire, au point de vue scientifique, relativement à la composition histologique et chimique des diverses variétés de grain de froment.

Mais nous montrerons par la suite qu'en ce qui concerne l'emploi exclusif du blé par la meunerie, l'analyse peut se simplifier considérablement et se ramener à la détermination des quelques données nécessaires à fixer les qualités des produits divers destinés au moulin.

RENSEIGNEMENTS GÉNÉRAUX SUR LE BLÉ ENTIER.

Nous n'avons pas à entrer ici dans les détails de l'examen que l'acheteur fait subir au blé mis en vente sur le marché relativement à son aspect, aux proportions des impuretés diverses : graines étrangères, pierres, etc., qui l'accompagnent; c'est au blé nettoyé bien entendu que nous nous adressons, et il est cependant des renseignements intéressants, que l'analyse peut lui demander de fournir.

Le dosage de l'eau dans ce blé est utile à connaître; le poids moyen du grain l'est également; enfin il est important de déterminer les proportions relatives d'amande farineuse ou albumen, de germe et d'enveloppe qui entrent dans la constitution du grain.

*Dosage de l'humidité.* — On prélève sur l'échantillon 5 grammes de grain qu'on écrase grossièrement dans un mortier et qu'on introduit ensuite dans une fiole conique en verre bouchant à l'émeri, et préalablement tarée. Le tout est abandonné, d'abord à l'étuve à 100 degrés, puis à 105 degrés, jusqu'à poids constant. Par différence, on détermine ainsi la quantité d'eau évaporée. On rapporte à 100.

*Poids moyen d'un grain.* — On choisit 200 grains moyens qu'on pèse, le poids obtenu est divisé par 200. Il est utile de répéter cette opération un certain nombre de fois sur des prélèvements successifs de 200 grains et de prendre la moyenne des résultats obtenus.

*Proportions relatives d'amande, d'enveloppe et de germe.* — Ces déterminations se font par la méthode indiquée par l'un de nous dans un travail antérieur [1].

On prend 25 grains moyens et bien sains qu'on pèse; on les fend dans le sens du sillon à l'aide d'un scalpel, on en détache les germes dont on détermine le poids.

Les 25 grains ainsi fendus sont immergés dans l'eau et, après ramollissement, grattés sur la face interne jusqu'à élimination de l'amande. Les enveloppes obtenues sont séchées à 100-105 degrés et pesées. En leur attribuant l'humidité constatée pour les bas produits, humidité qu'on déterminera plus tard, on pourra ensuite calculer la proportion des enveloppes normales pour 100 de grain.

Ce n'est pas cependant de cette façon que nous avons obtenu ici les proportions d'enveloppes des différentes variétés de blé, dont on trouve plus loin l'analyse. Pour la détermination de cette donnée particulière, nous avons utilisé, comme on le verra plus tard, le poids des enveloppes séchées, laissées entre nos mains par les bas produits et issues débarrassés de la farine adhérente par un tour de main particulier. A l'aide de ce poids, on peut, par un calcul simple que nous effectuerons en temps et lieu, remonter au poids des enveloppes normales. Les chiffres ainsi trouvés sont généralement un peu supérieurs à ceux obtenus par la première méthode, mais comme leur détermination correspond à l'emploi d'un poids plus considérable de grain, ils représentent un résultat moyen beaucoup plus exact.

Les quantités d'enveloppes et de germes étant connues, il est facile de déduire, par

[1] *Annales de physique et de chimie*, 6ᵉ série, t. III, p. 293, 1884.

différence, la proportion d'amande farineuse contenue dans 100 grammes du grain soumis à l'analyse.

ANALYSE DE LA FARINE À 70 P. 100 D'EXTRACTION.

*Dosage de l'humidité.* — Dans l'estimation de la valeur des farines, le commerce accorde, et avec raison, une place importante à la détermination de leur degré d'humidité.

Pour doser cette humidité, on loge 5 grammes de la farine dans une fiole conique bouchant à l'émeri, et on abandonne le tout à l'étuve à 100 degrés jusqu'à poids constant. L'eau éliminée est ainsi dosée par différence.

*Dosage simultané du gluten, des débris et de l'amidon.* — 1° *Gluten.* — On pèse 33 gr. 33 de farine, on en fait un bâton bien homogène qu'on malaxe, à la manière ordinaire, sous un courant d'eau, jusqu'à ce que le produit obtenu soit parfaitement débarrassé d'amidon.

Le gluten, avant d'être mis à l'étuve, peut être coagulé par l'eau bouillante, mais il est préférable de l'abandonner d'abord, sur un verre de montre ou sur une plaque métallique tarée, à 102-103 degrés pendant une heure environ, puis, lorsqu'une croûte solide s'est formée à la partie supérieure, de le détacher et de le retourner sur le verre ou sur la plaque et de le remettre à l'étuve jusqu'à dessiccation complète. Cette dessiccation est considérablement activée à l'aide de ce tour de main.

Le résultat trouvé à la pesée définitive, multiplié par 3, donne la quantité de gluten pour cent.

2° *Débris.* — L'eau laiteuse obtenue par le malaxage contient l'amidon, les débris et quelques gruaux bis et blancs. On la jette sur un tamis n° 220 qui laisse passer l'amidon seulement. On lave complètement et on recueille sur un petit filtre de soie n° 220 les débris et gruaux qu'on essore complètement. On les sépare alors en deux parties à peu près égales qu'on pèse séparément à l'état humide.

La première partie est mise à l'étuve et pesée ensuite sèche. Le poids obtenu, rapporté à la deuxième partie, permet de calculer la totalité des débris et gruaux entraînés. Appelons $a$ cette quantité.

La deuxième partie est traitée à l'ébullition par de l'eau à laquelle on ajoute environ 5 p. 100 d'acide salicylique. Cette opération a pour but de désagréger complètement les gruaux par solubilisation de l'amidon et de ne laisser ainsi, entre les mains de l'opérateur que les débris nets. Ceux-ci sont recueillis sur un petit filtre de soie analogue au précédent, lavés d'abord à l'eau bouillante, puis au mélange d'alcool et d'éther pour enlever complètement l'acide salicylique, essorés, séchés et pesés. Le poids obtenu, rapporté à la première partie, donne ainsi la totalité des débris nets. Appelons $b$ cette quantité.

La différence $(a-b)$ indique la quantité des gruaux entraînés au malaxage. Elle est rapportée, ainsi que la quantité $b$, à 100 de farine.

La quantité $(a-b)$, qui représente les gruaux, contient à la fois l'amidon et le gluten de ceux-ci. Cette quantité étant généralement très faible, 0.5 p. 100 environ, le gluten qu'elle contient peut par conséquent être négligé, et elle est reportée exclusivement au compte de l'amidon.

3° *Amidon.* — L'eau laiteuse séparée des débris est versée dans un grand verre, saturée d'acide carbonique qui facilite considérablement le dépôt de l'amidon, et abandonnée à o degré, jusqu'à ce que ce dépôt soit complet. On décante l'eau surnageante, puis on jette l'amidon déposé sur une coupe en biscuit de porcelaine où il s'essore complètement. On le sèche d'abord à basse température, puis finalement à 100 degrés et on le pèse. On multiplie le résultat obtenu par 3, on ajoute la quantité $(a-b)$ déterminée précédemment (voir *Débris*); on a ainsi le pourcentage en amidon.

*Détermination de la valeur boulangère de la farine.* — Dans l'estimation de la valeur boulangère des farines, on a pu, jusqu'ici, se contenter de la pesée du gluten sec, mais c'est aujourd'hui chose nécessaire que de joindre à cette pesée l'analyse du gluten lui-même.

L'un d'entre nous[1], en effet, nous a récemment appris qu'à la constitution du gluten interviennent plusieurs produits dont les deux principaux possèdent des propriétés physiques opposées : la gliadine visqueuse et fluante, la gluténine pulvérulente et sèche. Mélangés à la proportion de 25 parties de gluténine pour 75 de gliadine, ces deux produits constituent un gluten plastique qui communique aux farines la propriété de donner des pains de levée régulière et de bonne tenue. Mais, dès que le rapport 25/75 se modifie, les propriétés du gluten se trouvent elles-mêmes modifiées et la farine ne fournit plus que des pains mal levés ou plats.

En dehors des preuves probantes qu'il a données jusqu'ici à l'appui de sa thèse, le même opérateur a pu depuis, et au moyen d'une expérience directe encore inédite, montrer et fixer pour les yeux l'influence que jouent les proportions de gliadine et de gluténine sur l'extensibilité du gluten.

On sait que, dans l'aleuromètre de Boland, la détermination de l'élasticité du gluten est basée sur l'extensibilité que prend, dans un petit cylindre chauffé à 150 degrés, un fragment de ce produit humide d'un poids déterminé, qui, sous l'action de la vapeur d'eau produite, et avant sa coagulation complète, soulève un piston d'un nombre de divisions plus ou moins grand.

Cet appareil ne donne pas des résultats exacts, pour un certain nombre de raisons que nous n'avons pas à examiner ici. Mais l'une des causes d'erreur les plus importantes réside dans ce fait, que les glutens différents retenant des quantités d'eau qui ne sont pas les mêmes pour un poids donné, l'un d'entre eux peut, s'il a retenu plus d'eau, s'allonger davantage qu'un autre par suite de la pression intérieure plus grande qu'il a reçue, sans que, pour cela, la farine qui le contient présente, à la panification, des qualités supérieures.

En modifiant la façon d'opérer, on peut cependant éliminer cette cause d'erreur et voici comment, dans l'examen comparatif de trois farines différentes, l'expérience a été conduite.

---

[1] E. Fleurent, *Comptes rendus de l'Académie*, t. CXXIII, p. 327 et 754. — *Bulletin de la Société d'encouragement pour l'industrie nationale*, mai 1898. — *Annales agronomiques* de M. Grandeau. 2ᵉ Sⁱᵉ, 4ᵉ année, 1898. Tome Iᵉʳ.

On a d'abord dosé le gluten de chacune d'entre elles, puis on a déterminé, en gliadine et en gluténine, la composition centésimale de chacun de ces glutens. On a ainsi obtenu :

|  |  | GLUTEN. | COMPOSITION CENTÉSIMALE DU GLUTEN. | |
| --- | --- | --- | --- | --- |
|  |  |  | Gluténine. | Gliadine. |
| Farine | n° 1 | 7,56 | 24,40 | 75,60 |
|  | n° 2 | 7,44 | 17,80 | 82,20 |
|  | n° 3 | 12,09 | 33,20 | 66,80 |

L'examen de ce tableau conduit à penser que, tandis que la farine n° 1 donnera un pain bien levé, la farine n° 2, trop riche en gliadine, donnera un pain qui s'aplatira beaucoup à la cuisson, tandis que la farine n° 3, qui contient un excès de gluténine, ne se développera ni à la fermentation, ni au four, et produira par conséquent un pain très compact.

Il était donc intéressant de voir ce que, dans ces trois cas, donnerait l'expérience directe exécutée sur des glutens de composition aussi différente. Pour cela, on a choisi, de chacune des farines, un poids calculé de telle façon qu'il donne, après extraction, une quantité égale de gluten sec; soit 7 grammes. Ces trois glutens ont été, entre les mains, privés de leur excès d'eau, en prenant l'un d'eux comme type, de façon à amener les deux autres à peser, humides encore, exactement le même poids. On était sûr d'éliminer, de cette façon, la cause d'erreur examinée précédemment et de mettre ainsi, en expérience, un même poids de gluten en présence d'un même poids d'eau.

Les trois glutens préparés ont été enrobés de fleur d'amidon pour les empêcher de coller, puis on les a placés côte à côte, sur la sole d'un petit four Dathis maintenu à la température de 150 à 160 degrés et, à l'aide des regards, on en a surveillé la coagulation. Après une heure environ de séjour, on a éteint le gaz du four, et après un refroidissement partiel, on a retiré les glutens. Ceux-ci, placés sous un éclairage spécial afin de montrer certains détails très explicites, ont été reproduits exactement par le dessin, la photographie, par suite de la couleur particulière de la matière, n'ayant pas donné dans cette voie des résultats satisfaisants. La figure 1 est la reproduction du dessin obtenu.

Cette figure montre, d'une façon très nette et pour les trois cas, l'influence de la composition du gluten sur l'extensibilité qu'il peut prendre pendant le travail de la panification. En effet, le gluten n° 1, qui possède la composition la plus favorable, a pris un développement considérable et très régulier, ainsi que le montre la forme sphérique qu'il possède maintenant; le n° 3, trop riche en gluténine, qui diminue de beaucoup le degré d'élasticité, s'est à peine développé; il a conservé un volume très voisin du volume initial; quant au n° 2, la forme qu'il a prise explique nettement les phénomènes auxquels il a obéi durant l'expérience, phénomènes que les propriétés de la gliadine avaient déjà permis d'expliquer, mais qui sont, grâce à ce tour de main, visibles pour tous les yeux. Le gluten n° 2, en effet, est très riche en gliadine; or celle-ci, d'une consistance de miel à froid, se fluidifie en présence de l'eau sous l'action de la chaleur; le gluten, qui en contient un excès, s'affaisse donc au feu en abandonnant la vapeur d'eau qui dès lors s'échappe par un cratère dont la figure 1 montre nettement l'aspect. C'est ce qui explique pourquoi les farines trop riches en gliadine donnent une pâte

1.
2.
3.
Fig. 1.

qui se développe très bien à la fermentation, tout en se relâchant quelquefois un peu, mais qui s'aplatit à la cuisson en donnant un pain très compact.

Il est donc dès maintenant nettement démontré que, si c'est au gluten que les farines de froment doivent les propriétés spéciales qui les rendent propres à la panification et que par conséquent le dosage de ce produit brut est des plus importants, la connaissance de la composition immédiate de ce gluten est la véritable caractéristique de sa valeur boulangère et doit nécessairement être connue.

Cette dernière détermination se fait de la manière suivante [1] : le gluten d'un nouveau lot de 33 gr. 33 de farine est mis dans un mortier de verre dépoli, recouvert d'une petite quantité d'alcool à 70 degrés, contenant $\dfrac{3}{1000}$ de potasse, trituré doucement de façon à imprégner le produit complètement de la liqueur caustique et à en commencer la désagrégation. On verse le tout dans un col droit bouchant à l'émeri et on recouvre de liqueur alcoolico-potassique en employant exactement en tout 80 centimètres cubes de cette liqueur. On lave le mortier avec de l'alcool à 70 degrés sans potasse qu'on verse dans le flacon. On ajoute quelques perles de verre et on agite fréquemment jusqu'à désagrégation complète. On sature la potasse par l'acide carbonique; on complète, dans une fiole jaugée, le volume à 150 centimètres cubes avec de l'acool à 70 degrés sans potasse, on filtre et on pèse l'extrait de 50 centimètres cubes obtenu à 100-105 degrés. On retranche du poids de cet extrait la quantité de carbonate de potasse calculée provenant de la solution alcaline, et à l'aide du poids de gliadine ainsi trouvé, on établit la composition centésimale du gluten.

On peut dès lors établir le rapport $\dfrac{\text{Gluténine}}{\text{Gliadine}}$, en faisant le numérateur égal à 25, et voir de combien il diffère du rapport le plus favorable qui est, comme on sait, $\dfrac{25}{75}$.

On peut prendre comme base que lorsque la composition de gluten devient

$$
\left. \begin{array}{ll} \text{Gluténine}\dots\dots\dots & 28 \\ \text{Gliadine}\dots\dots\dots\dots & 72 \end{array} \right\} \text{ soit } \frac{\text{Gluténine}}{\text{Gliadine}} = \frac{25}{64}.
$$

$$
\left. \begin{array}{ll} \text{Gluténine}\dots\dots\dots & 22 \\ \text{Gliadine}\dots\dots\dots\dots & 78 \end{array} \right\} \text{ soit } \frac{\text{Gluténine}}{\text{Gliadine}} = \frac{25}{88}.
$$

la diminution de qualité commence à se faire sentir et que la farine qui le contient a besoin d'être corrigée, si c'est possible, par l'addition d'une autre farine convenablement choisie.

*Dosage des matières grasses.* — On met en digestion pendant vingt-quatre heures, dans un flacon bouchant à l'émeri, 20 grammes de farine avec 100 centimètres cubes de benzine cristallisable. On agite de temps en temps. On filtre et on évapore 50 centimètres cubes. On pèse la matière grasse obtenue qui correspond ainsi à 10 grammes de farine mise en œuvre.

*Dosage des matières minérales totales.* — Dans une petite capsule de platine tarée, on

---

[1] Recherches sur les matières albuminoïdes des céréales. (E. Fleurent, *Bulletin de la Société d'encouragement,* mai 1898). — *Annales agronomiques* de M. Grandeau.

place 10 grammes de farine qu'on calcine doucement de façon à ne pas amener de fusion. On pèse ensuite lorsque les cendres blanches sont obtenues.

*Dosage de l'acidité.* — On fait digérer pendant vingt-quatre heures, dans un flacon bouchant à l'émeri, 20 grammes de farine avec 100 centimètres cubes d'alcool à 90 degrés.

On agite de temps en temps. On filtre et on prélève 50 centimètres cubes qu'on titre au moyen d'une liqueur demi-décinormale de potasse en prenant comme indicateur la teinture de curcuma. Le titre acidimétrique trouvé correspond ainsi à 10 grammes de farine.

*Dosage des matières solubles dans l'eau.* — Le dosage des matières solubles se fait en

Fig. 2.

agitant constamment la farine pendant cinq heures au contact de l'eau à 0 degré en faisant usage du dispositif représenté par la figure 2. Dans le vase intérieur, qui est de verre, 100 grammes de farine sont préalablement délayés dans 500 centimètres cubes d'eau glacée; l'espace annulaire réservé entre les deux vases est rempli de glace. Le vase extérieur est recouvert d'un chiffon de laine, fermé par un couvercle de bois recouvert de laine également et que traverse l'axe de l'agitateur à palettes dont le mouvement est maintenu au moyen d'un petit moteur à eau.

Après cinq heures d'agitation on filtre et on recueille 350 à 400 centimètres cubes de liquide qui servent aux déterminations successives de l'extrait sec, des cendres solubles, des sucres, des matières azotées solubles et de la gomme galactique.

1° *Extrait.* — De la liqueur filtrée on prélève 25 centimètres cubes correspondant à 5 grammes de farine et on les évapore à sec à 100 degrés, dans un petit vase plat, taré, en verre.

2° *Cendres solubles.* — 50 centimètres cubes de la liqueur filtrée sont logés dans une capsule de platine tarée, évaporés à sec et calcinés à basse température. Ces 50 centimètres cubes correspondent à 10 grammes de farine.

3° *Sucres.* — De la liqueur filtrée on prélève 50 centimètres cubes. On les défèque avec précaution en n'employant pas plus de 3 centimètres cubes de sous-acétate de plomb étendu. On complète à 55 centimètres, on ajoute un peu de kaolin, on agite et on filtre.

Sur 20 centimètres cubes correspondant à 3 gr. 64 de farine, on dose le sucre avant inversion, à la manière ordinaire, par pesée du cuivre réduit. On peut ainsi calculer la quantité de glucose contenue dans la farine.

Sur 20 centimètres cubes de la liqueur défequée, on pratique l'inversion par la méthode de Clerget et on dose le sucre total par la liqueur de Fehling et la pesée du cuivre. Le chiffre trouvé, diminué de la quantité de glucose calculée précédemment, donne la quantité de saccharose contenue dans la farine.

4° *Matières azotées solubles.* — De la liqueur filtrée on prélève 50 centimètres cubes correspondant à 10 grammes de farine. On les évapore à sec dans une fiole conique à fond plat et on dose l'azote à la manière ordinaire par le procédé de Kjeldahl. Pour le calcul des matières azotées on fait usage du coefficient 6.25.

5° *Gomme galactique.* — 200 centimètres cubes de la liqueur filtrée représentant 40 grammes de farine sont précipités par un litre d'alcool à 95 degrés. On laisse déposer, on décante, on filtre et on essore le précipité entre des doubles de papier; puis on le détache et on le divise en deux parties à peu près égales.

Ces deux parties sont, séparément, desséchées et pesées.

Sur l'une d'elles on dose les matières minérales, sur l'autre les matières azotées par le procédé de Kjeldahl. On a ainsi tous les éléments qui permettent de calculer, par différence, la gomme galactique nette.

ANALYSE DES BAS PRODUITS ET ISSUES À 30 p. 100 DE REFUS.

*Dosage de l'humidité.* — On fait un mélange très intime des bas produits et issues de façon à faciliter le prélèvement des divers échantillons moyens. 10 grammes sont

logés dans une fiole conique tarée, bouchant à l'émeri et portés à l'étuve à 100-
105 degrés jusqu'à poids constant. L'eau est ainsi calculée par différence.

*Dosage des matières solubles dans l'eau.* — 50 grammes de bas produits bien homogènes sont recouverts de 500 centimètres cubes d'eau glacée dans le vase interne entouré de glace de l'appareil à agitation (fig. 2). L'agitateur est mis en mouvement et ce
mouvement est maintenu pendant une nuit. Le tout est jeté sur un tamis n° 80 sans
laver; on rejette la partie restée sur le tamis. La partie qui a traversé est placée sur
un grand filtre à plis et on recueille, à la filtration, 250 à 300 centimètres cubes sur
lesquels on dose successivement l'extrait, les matières azotées et les matières minérales.

1° *Extrait.* — On prélève 20 centimètres cubes de liquide clair, correspondant à
2 grammes de bas produits et on les dessèche à l'étuve à 100 degrés dans un vase
taré, jusqu'à poids constant.

2° *Matières azotées.* — On loge 50 centimètres cubes de liqueur filtrée correspondant à 5 grammes de bas produits, dans une fiole conique à fond plat. On évapore à
sec et on dose l'azote par le procédé Kjeldahl.

3° *Matières minérales.* — 50 centimètres cubes du liquide filtré, représentant 5 gr.
de bas produits, sont logés dans une capsule de platine tarée, évaporés à sec et calcinés à basse température. Le poids de la capsule donne les matières minérales par
différence.

4° *Matières hydrocarbonées.* — Elles sont dosées par différence en retranchant de
l'extrait la somme des matières azotées et minérales solubles.

*Dosage des matières insolubles dans l'eau.* — Cette opération est basée sur la séparation des enveloppes et des dernières parties de l'amande farineuse ou albumen encore
adhérentes à la membrane à grandes cellules qui en forme l'assise externe. C'est par
le frottement réalisé au sein de l'eau glacée que cette séparation a lieu.

1° *Enveloppes.* — 50 grammes de bas produits bien homogènes sont recouverts de
500 centimètres cubes d'eau glacée dans le vase de la figure n° 2, le vase est ensuite
entouré de glace et l'agitateur est mis en mouvement pendant vingt heures.

Le produit total est jeté sur un tamis n° 80 et les enveloppes et germes restés sur
ce tamis sont lavés complètement à l'eau glacée chargée d'acide carbonique. On les
dessèche ensuite et on les pèse. On rapporte à 100 de bas produits en multipliant par 2
le résultat obtenu.

Au chiffre trouvé on ajoutera d'une part le poids des débris emportés par l'eau laiteuse du tamisage et qu'on déterminera dans un instant, d'autre part le poids des
matières grasses emportées par l'eau d'agitation qu'on calculera également comme nous
allons l'indiquer bientôt.

2° *Gluten.* — L'eau laiteuse qui a traversé le tamis 80 contient le gluten, l'amidon
et les débris. Elle est reçue dans un grand verre et abandonnée au repos à la tempé-

rature de o degré. Nous employons pour cela un grand verre sans pied de 800 centimètres cubes à 1 litre de capacité, disposé sur un support à l'intérieur d'une caisse en bois doublée de laine et dans laquelle, dans l'espace libre, on met de la glace.

Le dépôt s'étant effectué, on décante au siphon l'eau surnageante, puis le résidu solide est essoré sur une coupe épaisse en biscuit de faïence, jusqu'au moment où la quantité d'eau retenue permet d'obtenir un pâton qu'on malaxe alors sous un courant d'eau à la manière ordinaire pour en extraire le gluten.

Cependant il arrive le plus souvent que le gluten contenu dans les bas produits a une qualité telle qu'il est impossible de l'extraire; aussi il convient toujours d'additionner le dépôt de 33 gr. 33 de farine à 70 p. 100 du même blé, de pâtonner et d'extraire ensuite le gluten du mélange obtenu. On retranchera du résultat trouvé le gluten de ces 33 gr. 33 tel qu'on l'a dosé précédemment.

3° *Débris.* — L'eau laiteuse obtenue par le malaxage du pâton est passée au tamis 220 et le résidu est lavé complètement. Les débris et gruaux sont remis sur un filtre de soie et, comme nous l'avons vu précédemment (Analyse de la farine à 70 p. 100 : Débris), divisés en deux parties qu'on pèse à l'état humide.

On exécute alors sur ces deux parties les opérations déjà indiquées. Mais, dans le calcul des résultats, on tiendra compte bien entendu des débris et gruaux apportés par les 33 gr. 33 de farine qu'on a utilisés pour l'extraction du gluten et qu'on a dosés précédemment.

Le poids des débris sera reporté, comme nous l'avons dit précédemment au compte des enveloppes lavées et séchées; le poids des gruaux sera ajouté à celui de l'amidon.

4° *Amidon.* — L'eau laiteuse séparée des débris est versée dans un grand verre et abandonnée au repos à la température de o degré. Après décantation de l'eau claire, le dépôt d'amidon est essoré sur une coupe en biscuit de faïence et pesé comme il a déjà été dit. On ajoute au poids trouvé le poids des gruaux calculé ci-dessus.

5° *Cendres insolubles.* — On pèse 2 gr. 5 d'enveloppes lavées et séchées correspondant à un poids de bas produits calculé d'après le poids total de ces enveloppes; et on fait les cendres à la manière ordinaire dans une capsule de platine tarée. On rapporte le calcul à 100 de bas produits.

6° *Matières grasses et totales.* — On prélève 25 grammes de bas produits et on les place dans une capsule de verre ou de porcelaine qu'on dispose sous une cloche à douille posée sur une plaque de verre dépoli. Au-dessus est une capsule contenant du sel marin sur lequel, à l'aide d'un tube à brome traversant la douille, on fait couler de l'acide sulfurique à 66 degrés. L'acide chlorhydrique gazeux dégagé, après deux ou trois heures de contact, désagrège les cellules des enveloppes en formant de l'hydrocellulose, et, après dessiccation, le tout peut être pulvérisé facilement et traité par la benzine cristallisable, comme nous l'avons indiqué pour la farine.

*Dosage des matières grasses enlevées par l'eau glacée et dont le poids doit être ajouté à celui des enveloppes.* — On pèse 5 grammes d'enveloppes lavées et séchées et on les traite par l'acide chlorhydrique gazeux comme nous venons de l'indiquer. On dose les matières grasses à la manière ordinaire par la benzine cristallisable. On les rapporte à 100 de bas produits.

En retranchant ce dernier chiffre du poids des matières grasses totales, on obtient le nombre qu'il faut ajouter au poids des enveloppes pour ramener celles-ci à l'état normal.

*Dosage des matières azotées autres que le gluten et les solubles ou matières azotées ligneuses.* — On pèse 2 gr. 5 d'enveloppes lavées et séchées et on dose l'azote par le procédé Kjeldahl. On rapporte le chiffre des matières azotées calculées à 100 de bas produits.

*Calcul des celluloses.* — Sous ce nom générique de « celluloses » nous désignons les matières hydrocarbonées insolubles des enveloppes et du germe, formées de cellulose proprement dite, accompagnée de produits divers, tels que les gommes qui par saccharification, donnent des pentoses et des hexoses, et d'autres dont la nature n'est pas exactement connue.

Ces diverses matières qui, dans les travaux de nos prédécesseurs, sont portées au compte de l'amidon dosé par différence, doivent nécessairement être séparées de celui-ci, de même que des matières azotées insolubles dites ligneuses, fort différentes du gluten et des matières azotées solubles.

C'est surtout lorsqu'on considère la valeur alimentaire — et c'est ici notre cas — des bas produits et issues réservés aux animaux que cette différenciation s'impose. En effet, ces matières hydrocarbonées et azotées ligneuses, au point de vue de leur assimilation, ne sauraient être comparées à leurs congénères amidon et gluten par exemple. Si nous savons bien qu'elles sont en partie digérées et utilisées par les animaux, nous ne savons pas encore déterminer le pourcentage de cette utilisation, et il y a donc lieu, jusqu'à nouvel ordre, d'en faire un groupe à part qui entrera pour un compte spécial dans la composition des rations.

Dans le poids des enveloppes tel qu'il vient d'être calculé, entre le poids des celluloses, des matières azotées ligneuses, des matières grasses et minérales. Si de ce poids on retranche la somme des chiffres relatifs aux trois dernières déterminations, la quantité des celluloses sera ainsi très simplement obtenue.

*Calcul des proportions d'enveloppe, de germe et d'amande contenues dans le grain entier.* — Aux enveloppes et germes lavés et séchés, tels qu'on les a calculés précédemment, il manque les matières solubles emportées au lavage et l'humidité que ces produits possédaient à l'état normal dans le grain de blé. Si donc, du poids trouvé, on remonte au taux de la matière sèche en tenant compte de l'eau et des matières solubles totales dosées sous forme d'extrait, puis que de ce taux de matière sèche on remonte à la matière humide au moyen de la quantité d'eau dosée dans les bas produits, le nombre trouvé indiquera la quantité d'enveloppes et de germes, tels qu'ils existent normalement dans le grain de blé, contenus dans 100 grammes de bas produits.

Si on désigne par E le poids des enveloppes et germes lavés et séchés;

Par S le poids de l'extrait dans l'eau glacée;

MM. Girard et Fleurent.　　　　　　　　　　　　　3

Par H l'humidité des bas produits;

il est facile de voir que le nombre cherché sera donné par la formule :

$$100 \cdot \frac{\left[ E + \dfrac{S \times E}{100 - (H + S)} \right]}{100 - H}.$$

Mais, comme 100 grammes de grains correspondent à 30 grammes de bas-produits, le nombre trouvé, multiplié par 0.3, donnera la quantité d'enveloppes et de germes contenu dans 100 du blé analysé. En retranchant du chiffre trouvé le pourcentage déterminé précédemment pour le germe, on aura définitivement le poids des enveloppes. Il est dès lors facile de déduire, par différence, le poids d'albumen ou amande farineuse.

### DÉTERMINATION RAPIDE DE LA VALEUR INDUSTRIELLE DU GRAIN DE BLÉ.

La méthode d'analyse que nous venons d'exposer comprend un nombre de déterminations d'ordre scientifique dont, à moins qu'il n'envisage un but tout à fait fixé, le meunier peut parfaitement s'affranchir. Quelques qualités saillantes, dans le cas qui nous occupe, dominent en effet toutes les autres, et c'est principalement à la recherche de ces qualités que, dans le choix du blé qu'il veut moudre, il doit principalement s'appliquer. Et quand nous disons doit s'appliquer, nous voulons ainsi indiquer que le meunier a tort de ne pas profiter des moyens d'investigation que la science met à son service et de s'en tenir à un examen de vue et de toucher, qui, malgré la grande expérience qu'il peut avoir acquise, ne saurait, à notre époque, tenir lieu d'information certaine. En meunerie, comme en toute autre industrie, le contrôle scientifique a sa place marquée, et seul, il est capable de conduire à des déductions exactes.

Au nombre des déterminations indispensables figurent, en premier lieu, celles que l'on peut faire sur le grain entier et qui sont les suivantes :

1° L'humidité, qui peut être très variable et qui influe considérablement sur les qualités de conservation, de rendement, etc.;

2° Les proportions d'enveloppes et de germes dont se déduit la proportion d'amande farineuse; proportion qui indique au meunier le rendement en farines et diverses qualités qu'il peut exiger de son blé. Nous montrerons, dans la suite de ce travail, que dans le grain des différentes variétés de blé, la proportion de cette amande est moins élevée qu'on ne l'a cru jusqu'ici; aussi conseillons-nous au meunier d'en faire le dosage en opérant sur les bas produits et issues, ainsi que nous l'avons indiqué précédemment.

On sait que, dans ce cas, le dosage des matières solubles est indispensable; il n'y aura pas lieu cependant de faire pour ce dosage une opération à part. Il suffira, en effet, à la fin de l'opération qui consiste à séparer, par l'agitation, la farine des enveloppes auxquelles elle adhère, de relever l'agitateur, et d'abandonner le vase entouré de glace au repos, pendant quelques instants, pour donner aux parties les plus lourdes le temps de se déposer. A l'aide d'une pipette, on pourra dès lors prélever à la partie supérieure, un liquide qui n'est plus que légèrement troublé par un peu d'amidon léger, et qui, filtré, servira à faire l'extrait. Le contenu du vase sera ensuite jeté sur le tamis 80 et traité comme nous l'avons dit précédemment.

En second lieu figurent les déterminations faites sur la farine que le grain pourra fournir et qui sont des plus importantes. Pour la mouture, le meunier pourra fixer à son choix le taux de l'extraction, ainsi que nous l'avons dit précédemment, il pourra même tirer de son grain diverses moutures qu'il analysera séparément. Mais le taux de 70 p. 100 auquel nous nous sommes placés nous-mêmes lui fournira des renseignements généraux dont il tirera, croyons-nous, surtout avec un peu d'habitude, un parti suffisant. En effet, en fixant, comme nous le verrons plus tard, la quantité d'albumen à 82.5 p. 100 du poids des grains, 70 p. 100 représentent les $\frac{5}{6}$ de cet albumen. En analysant la farine extraite à ce taux, le meunier se rendra compte, par conséquent, de la valeur moyenne de son grain, s'il veut bien se rappeler :

1° Que le passage de 60 à 70 p. 100 n'augmente pas d'une manière très sensible le taux du gluten comme le montrent les chiffres suivants dus à l'un de nous :

|  | | EXTRACTION. GLUTEN P. 100 DE FARINE. | |
|  | | 60 p. 100. | 70 p. 100. |
|---|---|---|---|
| Blé | Goldendrop | 6.90 | 7.11 |
|  | de Bordeaux | 8.70 | 9.00 |
|  | Dattel | 8.30 | 8.60 |
|  | gris de Saint-Laud | 8 00 | 8.20 |
|  | Choice white Bombay | 8.53 | 8.77 |
|  | Oulka de Bessarabie | 11.70 | 11.90 |

2° Que la quantité de gluténine va en augmentant avec le gluten, c'est-à-dire en allant du centre à la périphérie du grain, et d'autant plus rapidement qu'on s'approche plus de la face interne du son; il pourra, en partant des résultats trouvés pour la farine à 70 p. 100, se rendre compte des variations de composition que subira cette farine au point de vue de la teneur en gluten et de la composition de celui-ci, de même que la composition des parties de farine restant encore adhérentes au son. Le tableau suivant, dressé par l'un d'entre nous et encore inédit, joint aux renseignements nombreux publiés dans la suite de ce mémoire, faciliteront grandement ses recherches sur ce sujet.

| DÉSIGNATION DES BLÉS. | | FARINE À 60 P. 100. | | | FARINE À 70 P. 100. | | | COMPOSITION DU RESTE DE L'ALBUMEN = 12.5 P. 100. | | |
|  | | | COMPOSITION du gluten. | | | COMPOSITION du gluten. | | | COMPOSITION du gluten. | |
|  | | GLUTEN. | Gluténine. | Gliadine. | GLUTEN. | Gluténine. | Gliadine. | GLUTEN. | Gluténine. | Gliadine. |
|---|---|---|---|---|---|---|---|---|---|---|
| Blé | Goldendrop | 6.90 | 20.96 | 79.04 | 7.11 | 21.70 | 78.30 | 8.51 | 24.50 | 75.50 |
|  | de Bordeaux | 8.70 | 26.40 | 73.60 | 9.00 | 27.70 | 72.30 | 10.95 | 33.60 | 66.40 |
|  | Dattel | 8.30 | 25.90 | 74.10 | 8.60 | 27.50 | 72.50 | 10.60 | 37.20 | 62.80 |
|  | gris de Saint-Land | 8.00 | 27.90 | 72.10 | 8.20 | 28.77 | 71.23 | 9.51 | 31.55 | 68.45 |
|  | Choice white Bombay | 8.53 | 28.70 | 71.30 | 8.77 | 30.05 | 69.95 | 10.24 | 39.15 | 60.85 |
|  | Oulka de Bessarabie | 11.70 | 30.06 | 69.94 | 11.90 | 30.60 | 69.40 | 13.22 | 34.00 | 66.00 |

Sur la farine, nous ne conseillerons donc pas d'autre détermination que celle du gluten et de la composition de celui-ci ; nous ne devons pas oublier, en effet, que la farine est destinée à faire du pain, et que c'est le gluten qui, lui donnant la valeur boulangère, doit servir de base à l'adoption ou au rejet d'un échantillon donné de froment.

L'examen des bas produits et issues se bornera aux dosages que nous avons indiqués précédemment : humidité, extrait et enveloppes lavées et séchées. Il n'y a pas lieu de pousser plus loin les investigations dans cette voie, d'une part, parce que la farine qu'on peut encore extraire de ces parties du grain n'entre pas dans la composition des produits destinés à donner des pains blancs et bien levés ; d'autre part, parce que, si ces parties sont destinées à l'alimentation du bétail comme nous le conseillons, leur valeur alimentaire sera trop bien établie plus tard, pour qu'il y ait lieu d'en faire chaque fois, à moins de nécessité, une étude spéciale.

On voit donc, par ce qui vient d'être dit, que quelques déterminations simples et rapides peuvent, à l'aide d'un outillage très modeste, renseigner d'une manière certaine le meunier sur les qualités industrielles du blé qu'il achète.

## II

### ANALYSE DES PRINCIPAUX BLÉS TENDRES OFFERTS À LA MEUNERIE PAR L'AGRICULTURE FRANÇAISE.

C'est la méthode générale d'analyse qui vient d'être développée que nous avons résolu d'appliquer aux blés français dès le commencement de l'année 1896.

C'est sous les auspices de M. Méline, Ministre de l'Agriculture, que les travaux que nous allons développer ont été entrepris, et nous tenons à le remercier bien sincèrement du bienveillant concours qu'il nous a prêté en cette circonstance. Nous adressons également tous nos remerciements à M. Tisserand, conseiller à la Cour des comptes et ancien directeur de l'agriculture et à M. Vassillière, directeur de l'agriculture, dont les renseignements nous ont été si précieux pour la recherche des échantillons qui nous étaient nécessaires.

Avant de nous mettre au travail, notre premier soin a été de rechercher attentivement quels sont, en France, les départements dont la production en blé est assez abondante pour qu'elle puisse être considérée comme formant un appoint important dans la moyenne des produits livrés, annuellement, à l'industrie meunière en général.

Ces départements ont été réunis en régions sous les dénominations suivantes :

1° Région du Nord. — Départements du Pas-de-Calais, Nord, Somme, Aisne et Oise ;

2° Région des environs de Paris. — Départements de Seine-et-Oise et Seine-et-Marne ;

3° Région de l'Est, comprenant : 1° la région de l'Est proprement dite avec les départements de la Marne, de la Meuse, de Meurthe-et-Moselle, Aube et Haute-Marne ; 2° la région allant du Centre vers le Sud-Est avec les départements de la Côte-d'Or, Saône-et-Loire, Nièvre, Allier et Ain ;

4° Région de l'Ouest, divisée elle-même en deux régions : 1° celle comprenant les départements du Calvados, Eure, Oise, Eure-et-Loir, Loir-et-Cher et Loiret ; 2° celle comprenant les départements d'Ille-et-Vilaine, Mayenne, Sarthe, Loire-Inférieure, Maine-et-Loire, Vendée, Deux-Sèvres et Vienne;

5° Région du Sud-Ouest, comprenant les départements de la Charente, Charente-Inférieure, Gironde et Dordogne.

Cette répartition étant faite, nous avons eu recours à l'obligeance quelquefois d'agriculteurs connus de nous, mais le plus souvent des professeurs départementaux d'agriculture et directeurs de stations agronomiques, et nous leur avons demandé de prélever eux-mêmes et par conséquent dans des conditions connues, chez différents agriculteurs, pour les années 1895 et 1896, une quantité suffisante de blé choisi parmi les variétés représentant, dans chacune de ces régions, par leur aire d'expansion et leur rendement à l'hectare, les produits utilisés par l'agriculture.

MM. Comon et Maréchal, pour la région du Nord; MM. Henri Petit et Brandin, pour la région des environs de Paris; MM. Magnien, Battanchon et Guerrapain, pour les régions de l'Est; MM. Garola et Morain, pour les régions de l'Ouest, et enfin M. Vassillière, pour la région du Sud-Ouest, ont bien voulu répondre à notre appel et nous ont envoyé, sur la culture du blé dans leurs différentes régions, des renseignements intéressants. Nous les remercions bien vivement pour la collaboration qu'ils nous ont prêtée en cette circonstance.

Les échantillons de blé ainsi recueillis ont été conservés avec soin et soumis successivement à l'analyse après séparation par la mouture en farine à 70 p. 100 d'extraction et bas produits et issues à 30 p. 100 de refus.

C'est de la composition de la farine et de la composition des bas produits et issues que la composition du blé entier a été déduit. On comprend qu'il suffit, en effet, de multiplier par 0.7 les chiffres trouvés pour la farine et d'ajouter au résultat obtenu les chiffres correspondants de bas produits et issues multipliés par 0.3, pour obtenir le pourcentage de chacun des éléments dosés pris sur le grain total.

Dans les tableaux suivants, nous donnons, successivement pour les années 1895 et 1896, la composition, pour les différentes régions, des blés soumis à l'analyse. On trouvera d'un côté les chiffres relatifs à la composition des blés entiers; de l'autre, les chiffres relatifs à la composition des bas produits et issues; l'ensemble est encadré des renseignements les plus importants relatifs à l'origine et à la culture de ces blés, ainsi qu'aux déductions et comparaisons que suggèrent la composition de chacun d'eux.

Nous donnerons ensuite, dans le même ordre, la composition des blés les plus importants livrés sur le marché français par le commerce étranger, et nous terminerons notre mémoire par les conséquences générales tirées de l'ensemble de notre travail.

## BLÉS FRANÇAIS. — ANNÉE 1895.

### RÉGION DU NORD.

Cette région, représentée par les départements du Nord, du Pas-de-Calais, de la Somme, de l'Oise et de l'Aisne est, au point de vue, de la production totale, la plus importante de France. La production, pour chaque département, dépasse 2 millions de quintaux et atteint, comme dans le département du Nord, parfois 2,500,000 quintaux. Les rendements de 40 à 50 hectolitres à l'hectare ne sont pas rares dans cette région. On cultive, depuis longtemps, certaines variétés de blé qui se recommandent par des qualités spéciales; ce sont les blés dits *blanc de Flandre* ou *de Bergues* et le blé de Saint-Pol. Mais depuis douze ou quinze ans, alors qu'on a cherché, au moyen des engrais, à augmenter la production, on a reproché à ces variétés leur faible résistance à la verse, et on a vu s'introduire, dans le pays, une foule de variétés nouvelles, pour la plupart anglaises, dont quelques-unes ont été définitivement adoptées, et tendent, de plus en plus, à remplacer les vieilles variétés françaises; parmi ces nouvelles variétés, celles qui, d'après les renseignements que nous ont donnés, d'une part, M. Comon, inspecteur de l'agriculture et ancien professeur départemental du Nord; d'autre part, M. Maréchal, professeur départemental du Pas-de-Calais, méritaient notre attention, sont la variété dite Stand'up et la variété Goldendrop.

Les échantillons que nous avons soumis à l'analyse ont été choisis, par MM. Comon et Maréchal, dans les récoltes provenant de cultures normales du Nord et du Pas-de-Calais.

En général, ces blés ne se distinguent pas par leur qualité boulangère. Riches en humidité, ils sont pauvres en gluten, si l'on en excepte le blé blanc de Flandre qui atteint 7.13 p. 100, ce qui est rare parmi les blés français en 1895.

Mais, si l'on examine bien attentivement les tableaux d'analyse et que l'on compare entre eux les blés des anciennes variétés et des nouvelles d'importation anglaise, il en résulte que ces dernières présentent certainement une infériorité sur les premières. A la vérité, la proportion d'albumen qu'elles contiennent est un peu plus élevée, ce qui augmente le rendement en farine blanche, mais la teneur en gluten de la farine à 70 p. 100, qui est de 7.32 p. 100 pour le blé de Saint-Pol, atteint 8.32 pour le blé blanc de Flandre du département du Nord, tandis qu'elle n'est que de 6.90 pour le Goldendrop, 6.40 pour le Stand'up, ce qui est beaucoup trop faible. Lorsqu'une farine descend, en effet, à une teneur en gluten aussi peu élevée, ses propriétés panifiantes diminuent, car, noyé dans un excès d'amidon, ce gluten ne peut donner naissance qu'à une pâte courte, qui retient mal l'eau d'hydratation, et fournit, en pain, un rendement tout à fait inférieur comme qualité et comme quantité.

Ce que nous savons maintenant sur la répartition du gluten dans l'albumen du grain de blé permet également de voir que cette infériorité augmentera pour la farine extraite à 60 p. 100 seulement, puisque cette quantité de gluten diminuera encore légèrement.

| DÉSIGNATION. | BLÉ BLANC | | BLÉ | | |
| --- | --- | --- | --- | --- | --- |
| | de FLANDRE (Nord). | de BERGUES (Pas-de-Calais). | de SAINT-POL (Pas-de-Calais). | STAND'UP (Pas-de-Calais). | GOLDENDROP (Pas-de-Calais). |
| **COMPOSITION DES BLÉS ENTIERS.** | | | | | |
| Poids moyen d'un grain..... | 0.041 | 0.044 | 0.045 | 0.045 | 0.045 |
| Consti- tution du grain. Amande........ | 82.94 | 83.53 | 82.28 | 83.12 | 83.27 |
| Germe........ | 1.35 | 1.06 | 1.36 | 1.24 | 1.01 |
| Enveloppe..... | 15.71 | 15.41 | 16.36 | 15.64 | 15.72 |
| | 100.00 | 100.00 | 100.00 | 100.00 | 100.00 |
| Eau.................... | 15.12 | 14.82 | 15.45 | 14.54 | 15.04 |
| Matières azotées (1). Gluten........ | 7.13 | 5.91 | 6.35 | 5.65 | 5.99 |
| solubles, diastases, etc.... | 1.37 | 1.80 | 1.44 | 1.15 | 1.75 |
| ligneuses de l'enveloppe...... | 1.95 | 2.15 | 2.34 | 1.40 | 1.88 |
| Amidon................. | 56.84 | 59.21 | 58.77 | 59.64 | 59.90 |
| Matières grasses.......... | 1.58 | 1.44 | 1.39 | 1.57 | 1.60 |
| Hydrates de carbone solubles (2). Sucre.......... | 1.33 | 0.91 | 0.99 | 1.22 | 0.78 |
| Galactine...... | 0.55 | 0.46 | 0.64 | 0.41 | 0.37 |
| autres de l'enveloppe...... | 1.97 | 1.92 | 1.90 | 1.79 | 2.17 |
| Celluloses (1)............. | 9.56 | 9.33 | 8.91 | 10.32 | 8.79 |
| Matières minérales......... | 1.50 | 1.54 | 1.56 | 2.13 | 1.35 |
| Inconnus et pertes......... | 1.10 | 0.51 | 0.26 | 0.10 | 0.38 |
| | 100.00 | 100.00 | 100.00 | 100.00 | 100.00 |
| (1) Total des matières azotées. | 10.45 | 9.86 | 10.13 | 7.89 | 9.62 |
| (2) Total des hydrates de carbone solubles.......... | 3.85 | 3.29 | 3.53 | 3.42 | 3.32 |
| **COMPOSITION DE LA FARINE À 70 P. 100 D'EXTRACTION.** | | | | | |
| Eau.................... | 15.58 | 14.16 | 15.52 | 14.40 | 14.22 |
| Matières solubles dans l'eau. Glucose......... | 0.20 | 0.34 | 0.57 | 0.35 | 0.09 |
| Saccharose...... | 1.70 | 1.26 | 0.85 | 1.39 | 1.02 |
| Matières azotées, diastases, etc.. | 1.02 | 1.27 | 1.17 | 1.09 | 1.24 |
| Galactine........ | 0.78 | 0.65 | 0.91 | 0.59 | 0.53 |
| Matières minérales. | 0.30 | 0.22 | 0.41 | 0.23 | 0.22 |
| inconnues....... | " | " | " | 0.27 | " |
| | 4.00 | 4.00 | 3.91 | 3.92 | 3.10 |

(1) Y compris les débris.

| DÉSIGNATION. | BLÉ BLANC | | BLÉ | | |
| --- | --- | --- | --- | --- | --- |
| | de FLANDRE (Nord). | de BERGUES (Pas-de-Calais). | de SAINT-POL (Pas-de-Calais). | STAND'UP (Pas-de-Calais). | GOLDENDROP (Pas-de-Calais). |
| **COMPOSITION DE LA FARINE À 70 P. 100 D'EXTRACTION.** (*Suite.*) | | | | | |
| Matières insolubles dans l'eau. — Gluten | 8.32 | 7.02 | 7.32 | 6.48 | 6.90 |
| Amidon | 69.88 | 72.26 | 71.18 | 72.51 | 73.94 |
| Matières grasses | 1.12 | 1.02 | 0.94 | 1.14 | 0.84 |
| Matières minérales | 0.40 | 0.29 | 0.24 | 0.20 | 0.23 |
| Cellules et débris | 0.22 | 0.27 | 0.27 | 0.47 | 0.23 |
| TOTAL | 79.84 | 80.86 | 79.95 | 80.80 | 82.14 |
| TOTAL GÉNÉRAL | 99.52 | 99.58 | 99.38 | 99.12 | 99.46 |
| Inconnues et pertes | 0.48 | 0.42 | 0.62 | 0.88 | 0.54 |
| | 100.00 | 100.00 | 100.00 | 100.00 | 100.00 |
| Composition du gluten. — Gluténine | 21.74 | 23.15 | 29.41 | 29.07 | 26.60 |
| Gliadine | 78.26 | 76.85 | 70.59 | 70.93 | 73.40 |
| | 100.00 | 100.00 | 100.00 | 100.00 | 100.00 |
| $\dfrac{\text{Gluténine}}{\text{Gliadine}}$ | $\dfrac{25}{90}$ | $\dfrac{25}{83}$ | $\dfrac{25}{60}$ | $\dfrac{25}{61}$ | $\dfrac{25}{69}$ |
| **COMPOSITION DES BAS PRODUITS À 30 P. 100 DE REFUS.** | | | | | |
| Eau | 14.89 | 13.96 | 15.31 | 13.87 | 15.15 |
| Matières solubles. — azotées | 2.48 | 2.36 | 1.99 | 1.97 | 2.94 |
| hydrocarbonées | 6.57 | 6.40 | 6.35 | 5.98 | 7.22 |
| minérales | 1.50 | 1.54 | 1.46 | 1.50 | 1.44 |
| TOTAL | 10.55 | 10.30 | 9.80 | 9.45 | 11.60 |
| Matières insolubles. — Gluten | 4.36 | 3.34 | 4.08 | 3.71 | 3.87 |
| Amidon | 26.40 | 28.75 | 27.79 | 29.52 | 27.12 |
| Matières azotées ligneuses | 6.52 | 7.18 | 7.46 | 4.93 | 6.27 |
| Matières grasses | 2.68 | 2.42 | 2.45 | 2.56 | 3.37 |
| Celluloses [1] | 31.38 | 30.48 | 29.71 | 34.40 | 29.30 |
| Matières minérales | 1.86 | 2.40 | 2.25 | 1.25 | 1.99 |
| TOTAL | 73.20 | 74.57 | 73.74 | 76.37 | 71.92 |
| TOTAL GÉNÉRAL | 98.64 | 99.44 | 98.85 | 99.69 | 98.67 |
| Inconnues et pertes | 1.36 | 0.56 | 1.15 | 0.31 | 1.33 |
| | 100.00 | 100.00 | 100.00 | 100.00 | 100.00 |

[1] Y compris les débris.

## BLÉS FRANÇAIS. — ANNÉE 1896.

### RÉGION DU NORD.

Les variétés de blé étudiées en 1896 sont les mêmes que celles de 1895, et elles ont été choisies, par MM. Comon et Maréchal, dans les récoltes provenant des mêmes cultures.

Au point de vue général, la récolte de 1896 présente une supériorité légère sur l'année 1895. C'est surtout par l'examen de la farine à 70 p. 100 que cette supériorité se fait sentir. La richesse en gluten étant, en effet, le criterium de cette observation, on voit que, sauf en ce qui concerne le blé blanc de Flandre, la proportion de cet élément est, en 1896, en augmentation sur 1895.

Si, comme en 1895, on compare les variétés cultivées anciennement dans cette région aux variétés nouvelles, on voit même que ces dernières sont inférieures aux premières. En effet, si on examine la farine à 70 p. 100, on voit la proportion de gluten atteindre 8.17 dans le blé blanc de Bergues, 8.69 dans le blé de Saint-Pol, tandis que les variétés Stand'up et Goldendrop ne contiennent que 7.19 et 7.49 p. 100 du même élément, soit plus de 1 p. 100 en moins. Cette diminution abaisse dans de notables proportions les qualités boulangères de la farine, principalement parce que la teneur en matière azotée insoluble, en général, et même dans le cas le plus favorable, n'a rien d'excessif pour tous ces blés. L'observation que nous avons faite, en 1895, sur la quantité d'amande farineuse de ces diverses variétés se maintient encore en 1896, de sorte que la tendance générale, pour ces deux années, est que cette proportion est un peu plus grande pour les variétés d'importation que pour les variétés anciennement cultivées.

| DÉSIGNATION. | BLÉ BLANC | | BLÉ | | |
| --- | --- | --- | --- | --- | --- |
| | de FLANDRE (Nord). | de BERGUES (Pas-de-Calais). | de SAINT-POL (Pas-de-Calais). | STAND'UP (Pas-de-Calais). | GOLDENDROP (Pas-de-Calais). |
| COMPOSITION DES BLÉS ENTIERS. | | | | | |
| Poids moyen d'un grain..... | 0.040 | 0.039 | 0.040 | 0.044 | 0.045 |
| Constitution du grain. { Amande........ | 84.37 | 81.37 | 83.40 | 83.39 | 84.54 |
| Germe......... | 1.28 | 1.18 | 1.37 | 1.07 | 0.83 |
| Enveloppe...... | 14.35 | 17.45 | 15.23 | 15.54 | 14.63 |
| | 100.00 | 100.00 | 100.00 | 100.00 | 100.00 |

| DÉSIGNATION. | BLÉ BLANC | | BLÉ | | |
| --- | --- | --- | --- | --- | --- |
| | de FLANDRE (Nord). | de BERGUES (Pas-de-Calais). | de SAINT-POL (Pas-de-Calais). | STAND'UP (Pas-de-Calais). | GOLDENDROP (Pas-de-Calais). |

**COMPOSITION DES BLÉS ENTIERS. (*Suite.*)**

| DÉSIGNATION. | de FLANDRE (Nord). | de BERGUES (Pas-de-Calais). | de SAINT-POL (Pas-de-Calais). | STAND'UP (Pas-de-Calais). | GOLDENDROP (Pas-de-Calais). |
| --- | --- | --- | --- | --- | --- |
| Eau | 12.90 | 14.57 | 15.09 | 14.14 | 15.14 |
| Matières azotées (1). — Gluten | 5.08 | 6.45 | 7.40 | 5.80 | 6.63 |
| — solubles, diastases, etc. | 1.39 | 1.25 | 1.46 | 1.32 | 1.36 |
| — ligneuses de l'enveloppe | 1.64 | 1.98 | 2.06 | 1.79 | 1.46 |
| Amidon | 62.20 | 57.60 | 56.82 | 59.63 | 58.57 |
| Matières grasses | 1.46 | 1.30 | 1.75 | 1.48 | 1.71 |
| Hydrates de carbone solubles (2) — Sucre | 1.48 | 1.11 | 1.49 | 1.60 | 1.44 |
| — Galactine | 0.48 | 0.36 | 0.48 | 0.39 | 0.55 |
| — autres de l'enveloppe | 1.97 | 1.72 | 2.14 | 1.66 | 1.92 |
| Celluloses (1) | 9.32 | 11.52 | 9.64 | 10.06 | 9.30 |
| Matières minérales | 1.39 | 1.29 | 1.42 | 1.45 | 1.36 |
| Inconnues et pertes | 0.69 | 0.55 | 0.25 | 0.48 | 0.56 |
| | 100.00 | 100.00 | 100.00 | 100.00 | 100.00 |
| (1) Total des matières azotées. | 8.11 | 9.68 | 10.92 | 8.91 | 9.45 |
| (2) Total des hydrates de carbone solubles. | 3.93 | 3.19 | 4.11 | 4.65 | 3.91 |

**COMPOSITION DE LA FARINE À 70 P. 100 D'EXTRACTION.**

| DÉSIGNATION. | de FLANDRE (Nord). | de BERGUES (Pas-de-Calais). | de SAINT-POL (Pas-de-Calais). | STAND'UP (Pas-de-Calais). | GOLDENDROP (Pas-de-Calais). |
| --- | --- | --- | --- | --- | --- |
| Eau | 12.98 | 14.80 | 15.24 | 14.26 | 14.84 |
| Matières solubles dans l'eau. — Glucose | 0.55 | 0.15 | 0.46 | 0.44 | 0.41 |
| — Saccharose | 1.56 | 1.43 | 1.67 | 1.85 | 1.65 |
| — Matières azotées, diastases, etc. | 1.03 | 1.01 | 1.31 | 1.12 | 0.91 |
| — Galactine | 0.69 | 0.52 | 0.69 | 0.55 | 0.78 |
| — Matières minérales. | 0.36 | 0.23 | 0.45 | 0.40 | 0.32 |
| — inconnues | " | 0.26 | " | 0.04 | " |
| | 4.19 | 3.34 | 4.58 | 4.40 | 4.07 |

(1) Y compris les débris.

| DÉSIGNATION. | BLÉ BLANC | | BLÉ | | |
|---|---|---|---|---|---|
| | de FLANDRE (Nord). | de BERGUES (Pas-de-Calais). | de SAINT-POL (Pas-de-Calais). | STAND'UP (Pas-de-Calais). | GOLDENDROP (Pas-de-Calais). |

**COMPOSITION DE LA FARINE À 70 P. 100 D'EXTRACTION. (Suite.)**

| DÉSIGNATION. | de FLANDRE (Nord). | de BERGUES (Pas-de-Calais). | de SAINT-POL (Pas-de-Calais). | STAND'UP (Pas-de-Calais). | GOLDENDROP (Pas-de-Calais). |
|---|---|---|---|---|---|
| Matières insolubles dans l'eau. — Gluten | 6.36 | 8.18 | 8.69 | 7.19 | 7.49 |
| Amidon | 74.37 | 71.66 | 68.80 | 71.85 | 71.45 |
| Matières grasses | 1.07 | 1.00 | 1.88 | 1.22 | 0.97 |
| Matières minérales | 0.14 | 0.19 | 0.19 | 0.23 | 0.27 |
| Cellules et débris | 0.32 | 0.32 | 0.35 | 0.43 | 0.20 |
| TOTAL | 82.26 | 81.35 | 79.91 | 80.92 | 80.38 |
| TOTAL GÉNÉRAL | 99.43 | 99.49 | 99.73 | 99.58 | 99.29 |
| Inconnues et pertes | 0.57 | 0.51 | 0.27 | 0.42 | 0.71 |
| | 100.00 | 100.00 | 100.00 | 100.00 | 100.00 |
| Composition du gluten. — Gluténine | 28.09 | 43.10 | 32.46 | 36.23 | 26.04 |
| Gliadine | 71.91 | 56.90 | 67.54 | 63.77 | 73.96 |
| | 100.00 | 100.00 | 100.00 | 100.00 | 100.00 |
| Gluténine / Gliadine | $\frac{25}{64}$ | $\frac{25}{33}$ | $\frac{25}{52}$ | $\frac{25}{44}$ | $\frac{25}{71}$ |

**COMPOSITION DES BAS PRODUITS À 30 P. 100 DE REFUS.**

| DÉSIGNATION. | de FLANDRE (Nord). | de BERGUES (Pas-de-Calais). | de SAINT-POL (Pas-de-Calais). | STAND'UP (Pas-de-Calais). | GOLDENDROP (Pas-de-Calais). |
|---|---|---|---|---|---|
| Eau | 12.69 | 14.03 | 14.74 | 13.85 | 14.61 |
| Matières solubles — azotées | 2.24 | 1.80 | 1.80 | 1.77 | 2.42 |
| hydrocarbonées | 6.58 | 5.74 | 7.14 | 5.54 | 6.40 |
| minérales | 1.18 | 1.46 | 1.06 | 1.24 | 1.28 |
| TOTAL | 10.00 | 9.00 | 10.00 | 8.55 | 10.10 |
| Matières insolubles. — Gluten | 2.10 | 2.41 | 4.41 | 2.57 | 4.64 |
| Amidon | 33.80 | 24.80 | 28.88 | 31.19 | 28.51 |
| Matières azotées ligneuses | 5.46 | 6.60 | 6.88 | 5.95 | 4.86 |
| Matières grasses | 2.35 | 2.00 | 1.42 | 2.10 | 3.44 |
| Celluloses [1] | 30.32 | 37.68 | 31.29 | 33.06 | 30.99 |
| Matières minérales | 2.17 | 1.53 | 2.07 | 2.14 | 1.89 |
| TOTAL | 76.20 | 75.02 | 74.95 | 77.01 | 74.23 |
| TOTAL GÉNÉRAL | 98.89 | 98.05 | 99.69 | 99.41 | 98.94 |
| Inconnues et pertes | 1.11 | 1.95 | 0.31 | 0.59 | 1.06 |
| | 100.00 | 100.00 | 100.00 | 100.00 | 100.00 |

[1] Y compris les débris.

## BLÉS FRANÇAIS. — ANNÉE 1895. (*Suite.*)

### RÉGION DES ENVIRONS DE PARIS.

Cette région a pour le marché de Paris une importance considérable. La production moyenne du département de Seine-et-Oise atteint annuellement 1,800,000 quintaux; celle du département de Seine-et-Marne, 2,140,000 quintaux environ. C'est à l'obligeance de M. Tétard, membre de la Société nationale d'agriculture, propriétaire et fabricant de sucre à Gonesse (Seine-et-Oise); de M. Brandin, membre de la Société nationale d'agriculture, fermier à Gallande, par Moissy-Cramayel (Seine-et-Marne), et de M. Henri Petit, fermier et distillateur à Champagne, par Juvisy (Seine-et-Oise), que nous devons les divers échantillons des principales variétés de blé cultivées dans ces deux départements.

Parmi ces variétés, les tableaux ci-joints comprennent l'étude d'un blé d'origine française bien connu sous le nom de *blé de Bordeaux* ou *blé rouge inversable;* d'un blé poulard depuis longtemps cultivé sur le continent, la *Nonette de Lausanne,* et un blé d'origine anglaise, le blé Kinsengland, connu sous le nom de *Victoria d'automne* et plus généralement de *Victoria doré*, dans le département de Seine-et-Marne. Les échantillons analysés pour l'année 1895 proviennent de récoltes moyennes de 41 hectolitres à l'hectare.

L'examen des tableaux d'analyse, tant pour le blé entier que pour la farine à 70 p. 100, est extrêmement intéressant.

La proportion d'humidité contenue dans ces trois échantillons, sauf la Nonette de Lausanne, n'est pas excessive, et elle est notablement inférieure à celle que généralement nous avons rencontrée dans les blés de la région du Nord.

En ce qui concerne la proportion d'albumen ou d'enveloppes, l'examen comparatif nous montre la supériorité des deux variétés françaises blé de Bordeaux et Nonette de Lausanne sur la variété Victoria doré d'origine anglaise. Dans celle-ci, en effet, la quantité d'amande farineuse ne dépasse pas 83.70, tandis qu'elle est de 84.14 dans le blé de Bordeaux, et qu'elle atteint plus de 85 p. 100 dans la Nonette de Lausanne. Le poids moyen du grain est aussi, comparativement, notablement différent; il n'est en effet que de 0,044 dans le blé Victoria doré, tandis qu'il est sensiblement égal à 0,056 dans les deux autres blés.

Mais c'est au point de vue de la valeur boulangère que ces diverses variétés présentent un réel intérêt. Si on examine, en effet, la composition du blé entier et surtout la composition de la farine à 70 p. 100, on est frappé de la supériorité des variétés Bordeaux et Nonette de Lausanne sur la variété Victoria doré. Celle-ci, en effet, ne contient que 6.93 p. 100 de gluten, tandis que les deux autres accusent 8.74 pour l'une et 8.95 pour l'autre, soit 2 p. 100 en plus, chiffres qui se passent de commentaires.

Nous retrouvons donc ici une remarque importante que nous avons faite précédemment pour les régions du Nord et qui confirme la supériorité que nous avons reconnue aux variétés anciennement cultivées en France sur les nouvelles variétés d'importation anglaise.

| DÉSIGNATION. | | BLÉ | | |
| --- | --- | --- | --- | --- |
| | | de BORDEAUX (Seine-et-Marne). | NONETTE DE LAUSANNE (Seine-et-Marne). | VICTORIA DORÉ (Seine-et-Marne). |
| COMPOSITION DES BLÉS ENTIERS. | | | | |
| Poids moyen d'un grain | | 0.056 | 0.055 | 0.044 |
| Constitution du grain. | Amande | 84.14 | 85.07 | 83.69 |
| | Germe | 1.30 | 1.32 | 1.23 |
| | Enveloppe | 14.56 | 13.61 | 15.08 |
| | | 100.00 | 100.00 | 100.00 |
| Eau | | 13.57 | 14.90 | 13.79 |
| Matières azotées (1). | Gluten | 6.72 | 7.00 | 5.51 |
| | solubles, diastases, etc. | 1.35 | 1.61 | 1.84 |
| | ligneuses de l'enveloppe | 1.83 | 2.16 | 2.07 |
| Amidon | | 60.08 | 58.34 | 60.73 |
| Matières grasses | | 1.60 | 1.18 | 1.78 |
| Hydrates de carbone solubles (2). | Sucre | 0.87 | 1.49 | 1.05 |
| | Galactine | 0.38 | 0.72 | 0.59 |
| | Autres de l'enveloppe | 2.22 | 1.88 | 1.76 |
| Celluloses (1) | | 8.78 | 8.05 | 8.54 |
| Matières minérales | | 1.47 | 1.27 | 1.50 |
| Inconnues et pertes | | 1.13 | 1.40 | 0.84 |
| | | 100.00 | 100.00 | 100.00 |
| (1) Total des matières azotées | | 9.90 | 10.77 | 9.42 |
| (2) Total des hydrates de carbone solubles | | 3.47 | 4.09 | 3.40 |
| COMPOSITION DE LA FARINE À 70 P. 100 D'EXTRACTION. | | | | |
| Eau | | 13.72 | 14.48 | 13.96 |
| Matières solubles dans l'eau. | Glucose | 0.34 | 0.81 | 0.16 |
| | Saccharose | 0.90 | 1.32 | 1.34 |
| | Matières azotées, diastases, etc. | 1.03 | 1.35 | 1.35 |
| | Galactine | 0.55 | 1.03 | 0.84 |
| | Matières minérales | 0.39 | 0.37 | 0.24 |
| | Inconnues | " | " | " |
| | TOTAL | 3.21 | 4.88 | 3.93 |

(1) Y compris les débris.

| DÉSIGNATION. | BLÉ | | |
|---|---|---|---|
| | de BORDEAUX (Seine-et-Marne). | NONETTE DE LAUSANNE (Seine-et-Marne). | VICTORIA DORÉ (Seine-et-Marne). |
| **COMPOSITION DE LA FARINE À 70 P. 100 D'EXTRACTION.** (*Suite.*) | | | |
| Matières insolubles dans l'eau. — Gluten | 8.74 | 8.95 | 6.93 |
| Amidon | 72.48 | 69.61 | 73.08 |
| Matières grasses | 0.96 | 0.85 | 0.97 |
| Matières minérales | 0.14 | 0.21 | 0.29 |
| Cellules et débris | 0.69 | 0.33 | 0.34 |
| Total | 83.01 | 79.95 | 81.61 |
| Total général | 99.94 | 99.31 | 99.50 |
| Inconnues et pertes | 0.06 | 0.69 | 0.50 |
| | 100.00 | 100.00 | 100.00 |
| Composition du gluten. — Gluténine | 25.51 | 31.25 | 30.12 |
| Gliadine | 74.49 | 68.75 | 69.88 |
| | 100.00 | 100.00 | 100.00 |
| $\dfrac{\text{Gluténine}}{\text{Gliadine}}$ | $\dfrac{25}{73}$ | $\dfrac{25}{55}$ | $\dfrac{25}{58}$ |
| **COMPOSITION DES BAS PRODUITS À 30 P. 100 DE REFUS.** | | | |
| Eau | 13.23 | 14.35 | 13.40 |
| Matières solubles — azotées | 2.09 | 2.98 | 2.96 |
| hydrocarbonées | 7.40 | 6.27 | 5.87 |
| minérales | 1.36 | 1.40 | 1.62 |
| Total | 10.85 | 10.65 | 10.45 |
| Matières insolubles. — Gluten | 3.02 | 4.29 | 2.20 |
| Amidon | 31.12 | 32.02 | 31.89 |
| Matières azotées ligneuses | 6.10 | 7.21 | 6.90 |
| Matières grasses | 3.11 | 1.94 | 3.66 |
| Celluloses [1] | 29.28 | 26.82 | 28.45 |
| Matières minérales | 1.94 | 1.45 | 2.01 |
| Total | 74.67 | 73.73 | 75.11 |
| Total général | 98.65 | 98.73 | 98.96 |
| Inconnues et pertes | 1.35 | 1.27 | 1.04 |
| | 100.00 | 100.00 | 100.00 |

[1] Y compris les débris.

Les tableaux ci-joints comprennent l'étude des variétés précédentes cultivées dans le département de Seine-et-Oise. Le blé Victoria d'automne y prend le nom de *Victoria roux*. Deux nouvelles variétés viennent s'ajouter à notre examen; l'une est la variété Goldendrop déjà étudiée dans la région du Nord; l'autre est la variété Dattel obtenue par M. Vilmorin, par croisement du blé Prince-Albert et du blé Chiddam d'automne à épi rouge. Cette dernière variété constitue un hybride bien fixé, que nous aurons de nouveau l'occasion d'examiner lorsque nous nous occuperons des blés de la région de l'Ouest, et principalement de ceux cultivés dans la Beauce.

Ces blés sont plus humides que ceux du département de Seine-et-Marne : le blé de Bordeaux et le Victoria roux ont une proportion d'eau très élevée par rapport aux autres variétés de la même région. Dans le grain entier, le poids moyen de l'unité est sensiblement le même, et la proportion d'amande farineuse est à peu près égale, avec une légère supériorité en faveur du blé Dattel.

Si l'on compare entre eux, pour ces quatre variétés, les chiffres trouvés aussi bien pour l'analyse du blé entier que pour l'analyse de la farine à 70 p. 100, on retrouve encore les remarques que nous avons formulées sur la supériorité des variétés anciennes comparées aux nouvelles. Seule, la variété Dattel, qui est un hybride de deux variétés anglaises, fait exception. Il n'y a, en effet, qu'à consulter les chiffres inscrits sur les tableaux pour voir que cette variété se place à côté du blé de Bordeaux, et accuse, comme ce dernier, une supériorité incontestable sur les variétés Goldendrop et Victoria roux.

| DÉSIGNATION. | BLÉ | | | |
|---|---|---|---|---|
| | de BORDEAUX (Seine-et-Oise). | DATTEL (Seine-et-Oise). | GOLDENDROP (Seine-et-Oise). | VICTORIA ROUX (Seine-et-Oise). |
| **COMPOSITION DES BLÉS ENTIERS.** | | | | |
| Poids moyen d'un grain......... | 0.051 | 0.048 | 0.051 | 0.049 |
| Constitution du grain. Amande........... | 83.64 | 84.72 | 84.03 | 84.02 |
| Constitution du grain. Germe........... | 1.50 | 1.20 | 1.07 | 1.14 |
| Constitution du grain. Enveloppe......... | 14.86 | 14.08 | 14.90 | 14.84 |
| | 100.00 | 100.00 | 100.00 | 100.00 |
| Eau................. | 14.97 | 14.15 | 14.14 | 15.72 |
| Matières azotées (1). Gluten........... | 6.64 | 6.21 | 5.53 | 5.64 |
| Matières azotées (1). solubles, diastases, etc. | 1.59 | 1.47 | 1.49 | 1.48 |
| Matières azotées (1). ligneuses de l'enveloppe.......... | 1.51 | 1.78 | 2.24 | 1.79 |
| Amidon................. | 58.35 | 60.23 | 60.92 | 60.40 |
| Matières grasses............. | 1.81 | 1.94 | 1.59 | 1.62 |
| A reporter........ | 84.87 | 86.78 | 85.91 | 86.65 |
| (1) Total des matières azotées .... | 9.74 | 9.46 | 9.26 | 8.91 |

| DÉSIGNATION. | BLÉ | | | |
| --- | --- | --- | --- | --- |
| | de BORDEAUX (Seine-et-Oise) | DATTEL (Seine-et-Oise). | GOLDENDROP (Seine-et-Oise). | VICTORIA ROUX (Seine-et-Oise). |

COMPOSITION DES BLÉS ENTIERS. (*Suite.*)

| | de BORDEAUX | DATTEL | GOLDENDROP | VICTORIA ROUX |
| --- | --- | --- | --- | --- |
| Report | 84.87 | 86.78 | 85.91 | 86.65 |
| Hydrates de carbone solubles (2). { Sucre | 0.60 | 1.07 | 1.21 | 0.82 |
| Galactine | 0.36 | 0.48 | 0.51 | 0.48 |
| Autres de l'enveloppe. | 1.79 | 2.03 | 1.87 | 2.08 |
| Celluloses [1] | 9.12 | 8.17 | 8.95 | 8.28 |
| Matières minérales | 1.49 | 1.50 | 1.37 | 1.51 |
| Inconnues et pertes | 1.77 | 0.97 | 0.18 | 0.18 |
| | 100.00 | 100.00 | 100.00 | 100.00 |
| (2) Total des hydrates de carbone solubles | 2.75 | 3.58 | 3.59 | 3.38 |

COMPOSITION DE LA FARINE À 70 P. 100 D'EXTRACTION.

| | de BORDEAUX | DATTEL | GOLDENDROP | VICTORIA ROUX |
| --- | --- | --- | --- | --- |
| Eau | 15.42 | 14.48 | 14.17 | 15.36 |
| Matières solubles dans l'eau. { Glucose | 0.21 | 0.30 | 0.37 | *u* |
| Saccharose | 0.86 | 1.23 | 1.48 | 1.17 |
| Matières azotées, diastases, etc. | 1.10 | 1.08 | 1.07 | 1.05 |
| Galactine | 0.52 | 0.68 | 0.72 | 0.68 |
| Matières minérales.. | 0.36 | 0.39 | 0.30 | 0.30 |
| Inconnues | 0.07 | *u* | *u* | 0.14 |
| TOTAL | 3.12 | 3.68 | 3.94 | 3.34 |
| Matières insolubles dans l'eau. { Gluten | 7.45 | 7.84 | 6.85 | 6.48 |
| Amidon | 71.22 | 71.77 | 73.39 | 73.23 |
| Matières grasses.... | 1.07 | 1.07 | 0.82 | 0.78 |
| Matières minérales.. | 0.20 | 0.18 | 0.24 | 0.17 |
| Cellules et débris... | 0.23 | 0.27 | 0.29 | 0.22 |
| TOTAL | 80.17 | 81.13 | 81.59 | 80.88 |
| TOTAL GÉNÉRAL | 98.71 | 99.29 | 99.70 | 99.58 |
| Inconnues et pertes | 1.29 | 0.71 | 0.30 | 0.42 |
| | 100.00 | 100.00 | 100.00 | 100.00 |

[1] Y compris les débris.

| DESIGNATION. | BLÉ | | | |
| --- | --- | --- | --- | --- |
| | de BORDEAUX (Seine-et-Oise). | DATTEL (Seine-et-Oise). | GOLDENDROP (Seine-et-Oise). | VICTORIA ROUX (Seine-et-Oise). |
| COMPOSITION DE LA FARINE A 70 P. 100 D'EXTRACTION. (*Suite.*) | | | | |
| Composition du gluten. — Gluténine | 22.32 | 22.92 | 19.38 | 20.32 |
| Gliadine | 77.68 | 77.08 | 80.62 | 79.68 |
| | 100.00 | 100.00 | 100.00 | 100.00 |
| $\frac{\text{Gluténine}}{\text{Gliadine}}$ | $\frac{25}{87}$ | $\frac{25}{84}$ | $\frac{25}{104}$ | $\frac{25}{98}$ |
| COMPOSITION DES BAS PRODUITS A 30 P. 100 DE REFUS. | | | | |
| Eau | 15.12 | 13.67 | 14.06 | 14.96 |
| Matières solubles — azotées | 2.72 | 2.50 | 2.47 | 2.50 |
| hydrocarbonées | 5.74 | 6.78 | 6.22 | 6.92 |
| minérales | 2.04 | 1.92 | 1.76 | 1.68 |
| TOTAL | 10.50 | 11.20 | 10.45 | 11.10 |
| Matières insolubles. — Gluten | 4.78 | 2.39 | 2.37 | 3.68 |
| Amidon | 28.35 | 33.29 | 31.84 | 30.45 |
| Matières azotées ligneuses | 5.05 | 5.95 | 6.47 | 5.97 |
| Matières grasses | 3.55 | 3.95 | 3.06 | 3.58 |
| Celluloses [1] | 29.87 | 26.59 | 28.87 | 27.59 |
| Matières minérales | 2.12 | 1.78 | 1.90 | 2.26 |
| TOTAL | 73.72 | 73.95 | 74.51 | 73.53 |
| TOTAL GÉNÉRAL | 99.34 | 98.82 | 98.42 | 99.59 |
| Inconnues et pertes | 0.66 | 1.18 | 1.58 | 0.41 |
| | 100.00 | 100.00 | 100.00 | 100.00 |

[1] Y compris les débris.

## BLÉS FRANÇAIS. — ANNÉE 1896. (*Suite.*)

### RÉGION DES ENVIRONS DE PARIS.

C'est encore aux mêmes cultures déjà utilisées pour l'année 1895 que nous avons eu recours pour le prélèvement des échantillons de l'année 1896. Il est à remarquer cependant que, sur les mêmes terrains, les rendements moyens de cette année ont été inférieurs à ceux de l'année précédente; ils n'ont été, en effet, que de 33 hectolitres environ, au lieu de 41 hectolitres en 1895. On ne trouvera pas, pour l'année 1896, dans les tableaux ci-joints, l'analyse de la variété Nonette de Lausanne et de la variété Victoria rouge du département de Seine-et-Oise. D'une part, M. Broquette, propriétaire agriculteur au château de Bordes, par Montigny-Leucoup (Seine-et-Marne), qui nous avait fourni la première variété en 1895, l'a mélangée aux autres produits de sa récolte aussitôt après le battage, et il nous a été ainsi impossible de nous la procurer pure; d'autre part, l'étude que nous faisions encore en 1896 de la variété Victoria pour le département de Seine-et-Marne, nous a permis de négliger la même variété pour le département de Seine-et-Oise.

En général, les blés de l'année 1896 sont moins humides que ceux de l'année précédente. Comme en 1895, le poids moyen du grain est supérieur en Seine-et-Marne. Les différences de rapport des proportions d'albumen dans les différentes variétés ne sont pas aussi marquées qu'en 1896, mais elles suivent sensiblement la même allure. Au point de vue de la valeur industrielle, l'année 1896 est supérieure ici encore à l'année 1895. Seul, le blé de Bordeaux de Seine-et-Marne est en déficit. Mais la supériorité en Seine-et-Oise de cette variété et de la variété Dattel sur les variétés Goldendrop et Victoria est suffisamment marquée par la différence de 2.5 à 3 p. 100 de gluten en faveur des premières pour que nous voyions encore ici une vérification des résultats des tableaux précédents.

| DÉSIGNATION. | BLÉ | | | | |
| --- | --- | --- | --- | --- | --- |
| | de BORDEAUX (Seine-et-Oise). | de BORDEAUX (Seine-et-Marne). | DATTEL (Seine-et-Oise). | GOLDENDROP (Seine-et-Oise). | VICTORIA DORÉ (Seine-et-Marne). |
| 1° COMPOSITION DES BLÉS ENTIERS. | | | | | |
| Poids moyen d'un grain..... | 0.049 | 0.055 | 0.049 | 0.044 | 0.047 |
| Consti-tution du grain. { Amande........ | 83.30 | 82.06 | 84.28 | 82.48 | 83.31 |
| Germe......... | 1.33 | 1.36 | 1.28 | 1.34 | 1.66 |
| Enveloppe ...... | 15.37 | 16.58 | 14.44 | 16.18 | 15.03 |
| | 100.00 | 100.00 | 100.00 | 100.00 | 100.00 |
| Eau............ | 13.81 | 14.34 | 13.91 | 14.33 | 14.27 |
| Matières azotées (1). { Gluten........ | 7.69 | 5.09 | 7.90 | 5.64 | 4.99 |
| solubles, diastases, etc...... | 1.29 | 1.17 | 1.80 | 1.37 | 1.35 |
| ligneuses de l'enveloppe....... | 2.08 | 1.91 | 1.98 | 2.31 | 1.59 |
| Amidon........... | 57.34 | 59.47 | 58.58 | 59.92 | 60.23 |
| Matières grasses.......... | 1.98 | 1.84 | 1.93 | 1.33 | 1.50 |
| A reporter........ | 84.19 | 83.82 | 86.10 | 84.90 | 83.93 |
| (1): Total des matières azotées. | 11.06 | 8.17 | 11.68 | 9.32 | 7.93 |

| DÉSIGNATION. | BLÉ | | | | |
| --- | --- | --- | --- | --- | --- |
| | de BORDEAUX (Seine-et-Oise). | de BORDEAUX (Seine-et-Marne). | DATTEL (Seine-et-Oise). | GOLDENDROP (Seine-et-Oise). | VICTORIA DORÉ (Seine-et-Marne) |

**COMPOSITION DES BLÉS ENTIERS. (*Suite.*)**

| | | de BORDEAUX (Seine-et-Oise). | de BORDEAUX (Seine-et-Marne). | DATTEL (Seine-et-Oise). | GOLDENDROP (Seine-et-Oise). | VICTORIA DORÉ (Seine-et-Marne) |
| --- | --- | --- | --- | --- | --- | --- |
| | Report............ | 84.19 | 83.82 | 86.10 | 84.90 | 83.93 |
| Hydrates de carbone solubles (2). | Sucre............ | 1.00 | 1.10 | 0.78 | 1.09 | 1.09 |
| | Galactine........ | 0.47 | 0.55 | 0.49 | 0.48 | 0.62 |
| | Autres de l'enveloppe.......... | 1.74 | 1.72 | 1.60 | 2.07 | 1.97 |
| Celluloses [1]............... | | 9.99 | 10.53 | 8.58 | 9.66 | 9.90 |
| Matières minérales........... | | 1.53 | 1.33 | 1.46 | 1.28 | 1.55 |
| Inconnues et pertes.......... | | 1.08 | 0.95 | 0.99 | 0.52 | 0.94 |
| | | 100.00 | 100.00 | 100.00 | 100.00 | 100.00 |
| (2) Total des hydrates de carbone solubles........ | | 3.21 | 3.33 | 2.87 | 3.64 | 3.58 |

**COMPOSITION DE LA FARINE À 70 P. 100 D'EXTRACTION.**

| | | de BORDEAUX (Seine-et-Oise). | de BORDEAUX (Seine-et-Marne). | DATTEL (Seine-et-Oise). | GOLDENDROP (Seine-et-Oise). | VICTORIA DORÉ (Seine-et-Marne) |
| --- | --- | --- | --- | --- | --- | --- |
| Eau................. | | 13.90 | 14.50 | 14.04 | 14.66 | 14.44 |
| Matières solubles dans l'eau. | Glucose......... | 0.41 | 0.47 | 0.25 | 0.17 | 0.34 |
| | Saccharose...... | 1.01 | 1.10 | 0.86 | 1.38 | 1.22 |
| | Matières azotées, diastases, etc. . | 0.96 | 0.85 | 1.19 | 1.00 | 1.02 |
| | Galactine....... | 0.67 | 0.78 | 0.69 | 0.68 | 0.88 |
| | Matières minérales. | 0.33 | 0.45 | 0.36 | 0.25 | 0.32 |
| | Inconnues....... | 0.27 | ″ | 0.50 | ″ | ″ |
| | | 3.65 | 3.65 | 3.85 | 3.48 | 3.78 |
| Matières insolubles dans l'eau. | Gluten......... | 9.52 | 6.68 | 9.62 | 7.32 | 6.26 |
| | Amidon......... | 70.51 | 72.90 | 70.52 | 72.71 | 73.22 |
| | Matières grasses.. | 1.21 | 1.15 | 1.27 | 0.93 | 1.04 |
| | Matières minérales. | 0.24 | 0.08 | 0.10 | 0.17 | 0.22 |
| | Cellules et débris. | 0.34 | 0.32 | 0.18 | 0.16 | 0.48 |
| Total............. | | 81.82 | 81.13 | 81.79 | 81.29 | 81.22 |
| Total général...... | | 99.37 | 99.28 | 99.68 | 99.23 | 99.44 |
| Inconnues et pertes......... | | 0.63 | 0.72 | 0.32 | 0.77 | 0.56 |
| | | 100.00 | 100.00 | 100.00 | 100.00 | 100.00 |

[1] Y compris les débris.

| DÉSIGNATION. | BLÉ | | | | |
| --- | --- | --- | --- | --- | --- |
| | de BORDEAUX (Seine-et-Oise). | de BORDEAUX (Seine-et-Marne). | DATTEL (Seine-et-Oise). | GOLDENDROP (Seine-et-Oise). | VICTORIA DORÉ (Seine-et-Marne). |

COMPOSITION DE LA FARINE À 70 P. 100 D'EXTRACTION. (*Suite.*)

| | | de BORDEAUX (Seine-et-Oise). | de BORDEAUX (Seine-et-Marne). | DATTEL (Seine-et-Oise). | GOLDENDROP (Seine-et-Oise). | VICTORIA DORÉ (Seine-et-Marne). |
| --- | --- | --- | --- | --- | --- | --- |
| Compo- sition du gluten. | Gluténine.......... | 38.75 | 29.41 | 34.72 | 22.12 | 33.33 |
| | Gliadine.......... | 61.25 | 70.39 | 65.28 | 77.88 | 66.67 |
| | | 100.00 | 100.00 | 100.00 | 100.00 | 100.00 |
| | $\dfrac{\text{Gluténine}}{\text{Gliadine}}$ ...... | $\dfrac{25}{39.5}$ | $\dfrac{25}{60}$ | $\dfrac{25}{47}$ | $\dfrac{25}{88}$ | $\dfrac{25}{50}$ |

COMPOSITION DES BAS PRODUITS À 30 P. 100 DE REFUS.

| | | de BORDEAUX (Seine-et-Oise). | de BORDEAUX (Seine-et-Marne). | DATTEL (Seine-et-Oise). | GOLDENDROP (Seine-et-Oise). | VICTORIA DORÉ (Seine-et-Marne). |
| --- | --- | --- | --- | --- | --- | --- |
| Eau.................. | | 13.59 | 13.96 | 13.60 | 14.08 | 14.22 |
| Matières solubles | azotées.......... | 2.05 | 1.89 | 3.22 | 2.25 | 2.45 |
| | hydrocarbonées... | 5.81 | 5.73 | 5.33 | 6.91 | 6.58 |
| | minérales........ | 1.74 | 0.98 | 1.80 | 1.44 | 1.82 |
| | Total............ | 9.60 | 8.60 | 10.35 | 10.60 | 10.85 |
| Matières inso- lubles. | Gluten.......... | 3.42 | 1.36 | 3.85 | 1.71 | 2.04 |
| | Amidon.......... | 26.61 | 28.13 | 30.74 | 30.08 | 29.95 |
| | Matières azotées li- gneuses.......... | 6.93 | 6.38 | 6.61 | 7.71 | 5.30 |
| | Matières grasses.. | 3.76 | 3.44 | 3.46 | 2.25 | 2.56 |
| | Celluloses [1]..... | 32.50 | 34.36 | 27.94 | 32.20 | 31.85 |
| | Matières minérales. | 1.91 | 2.13 | 1.90 | 1.83 | 1.98 |
| | Total............ | 75.14 | 75.80 | 74.50 | 75.78 | 73.68 |
| Total général..... | | 98.33 | 99.36 | 98.45 | 100.46 | 98.75 |
| Inconnues et pertes.......... | | 1.67 | 1.64 | 1.55 | ɴ | 1.25 |
| | | 100.00 | 100.00 | 100.00 | ɴ | 100.00 |

[1] Y compris les débris.

## BLÉS FRANÇAIS. — ANNÉE 1895. (*Suite.*)

### RÉGION DE L'EST.

1°. *Départements de la Marne, Meuse, Meurthe-et-Moselle, Moselle, Aube et Haute-Marne.* — C'est M. Guerrapain, professeur d'agriculture du département de la Haute-Marne, qui, pour cette région, a bien voulu nous guider dans le choix des blés à étudier et recueillir lui-même les échantillons nécessaires à cette étude. La variété qu'il nous a adressée de Doncourt (Haute-Marne) sous le nom de *blé rouge* est la plus répandue; dans la Meuse, en Meurthe-et-Moselle, dans une partie de la Haute-Marne, elle représente plus de la moitié de la culture; on la connaît sous des noms divers : blé d'Altkirch, de Pont-à-Mousson, de la vallée de la Seille, d'Alsace, du Bassigny, etc.; en bonne culture, son rendement peut atteindre 25 hectolitres à l'hectare, mais ne dépasse pas ce chiffre. A côté de cette variété figure, dans la région, un blé blanc qui, cultivé spécialement dans la Haute-Marne et dans l'Aube, comme aussi dans une partie de la Côte-d'Or, est connu sous le nom de *blé de Louesmes*; son rendement habituel est de 18 à 19 hectolitres à l'hectare et quelquefois s'élève jusqu'à 25 hectolitres; l'échantillon analysé a été récolté à Jonchery (Haute-Marne). Le blé de Pel et Der, qui jouit d'une réputation méritée dans les arrondissements de Bar-sur-Aube et de Vassy, est cultivé sur une aire géographique moins étendue; l'échantillon qu'a choisi M. Guerrapain à Pel et Der même, près de Troyes, provient d'une récolte de 24 hectolitres à l'hectare.

Lorsqu'on étudie, dans leur ensemble, les résultats relatifs aux blés ci-dessus et qui sont consignés dans ce tableau et le suivant, l'attention est aussitôt appelée sur ce fait que les deux variétés principalement cultivées dans la région : blé d'Altkirch et de Louesmes, accusent une composition et des qualités presque identiques et que le blé de Pel et Der, moins répandu, leur est nettement supérieur.

L'hydratation des trois blés est sensiblement la même; la proportion d'albumen est un peu plus élevée dans les deux premiers, mais le poids moyen du grain est supérieur pour le blé Pel et Der.

Mais, tandis que, pour le blé d'Altkirch et le blé de Louesmes, la proportion de gluten ne dépasse pas 6.92 et 6.64 p. 100, cette proportion s'élève, pour le blé de Pel et Der, à 8.66 p. 100, chiffre rare pour les blés de notre pays en 1895. Cette valeur relative se retrouve, comme on le verra par les tableaux, dans les produits de la mouture de ces trois variétés. En effet, on voit la farine à 70 p. 100 des variétés Altkirch et Louesmes ne pas dépasser une teneur en gluten de 8.04 et 8.17 p. 100, tandis que la farine de blé Pel et Der contient 10.68 p. 100 du même produit, chiffre qui se rencontre fort peu en France et n'est dépassé que dans certains blés étrangers et notamment dans ceux provenant de Russie.

Cette région est assez importante au point de vue de la production, qui varie de 1,400,000 quintaux pour le département de la Marne, à 1,050,000 quintaux pour le département de l'Aube.

| DÉSIGNATION. | BLÉ | | | | |
| --- | --- | --- | --- | --- | --- |
| | de PEL ET DER (Aube). | de LOUESMES (Côte-d'Or). | de SENNEVOY (Côte-d'Or). | D'AIGNAY-LE-DUC (Côte-d'Or). | MOUTON (Côte-d'Or). |

**1° COMPOSITION DES BLÉS ENTIERS.**

| DÉSIGNATION. | de PEL ET DER (Aube). | de LOUESMES (Côte-d'Or). | de SENNEVOY (Côte-d'Or). | D'AIGNAY-LE-DUC (Côte-d'Or). | MOUTON (Côte-d'Or). |
| --- | --- | --- | --- | --- | --- |
| Poids moyen d'un grain..... | 0.046 | 0.037 | 0.040 | 0.038 | 0.037 |
| Consti-tution du grain. { Amande......... | 81.99 | 83.36 | 82.35 | 81.75 | 81.80 |
| Germe......... | 2.05 | 1.60 | 1.72 | 1.72 | 1.49 |
| Enveloppe...... | 15.96 | 15.04 | 15.93 | 16.53 | 16.71 |
| | 100.00 | 100.00 | 100.00 | 100.00 | 100.00 |
| Eau................... | 14.04 | 14.26 | 14.74 | 14.98 | 15.50 |
| Matières azotées (1). { Gluten......... | 8.66 | 6.74 | 6.97 | 4.70 | 6.51 |
| solubles, diastases, etc...... | 1.56 | 1.46 | 0.84 | 1.56 | 1.20 |
| ligneuses de l'enveloppe....... | 2.83 | 2.05 | 2.18 | 2.03 | 1.93 |
| Amidon................ | 56.01 | 58.47 | 58.05 | 59.47 | 57.52 |
| Matières grasses .......... | 1.35 | 1.64 | 1.27 | 1.61 | 1.63 |
| Hydrates de carbone solubles (2). { Sucre.......... | 1.09 | 1.80 | 0.65 | 0.94 | 1.11 |
| Galactine....... | 0.52 | 0.47 | 0.55 | 0.52 | 0.32 |
| Autres de l'enveloppe......... | 2.18 | 2.05 | 2.36 | 2.23 | 1.98 |
| Celluloses (1) .............. | 9.48 | 9.40 | 9.62 | 10.21 | 10.22 |
| Matières minérales ......... | 1.36 | 1.55 | 1.82 | 1.40 | 1.38 |
| Inconnues et pertes ......... | 0.92 | 0.11 | 0.95 | 0.35 | 0.70 |
| | 100.00 | 100.00 | 100.00 | 100.00 | 100.00 |
| (1) Total des matières azotées. | 13.05 | 10.25 | 9.99 | 8.29 | 9.64 |
| (2) Total des hydrates de carbone solubles ........ | 3.79 | 4.32 | 3.56 | 3.69 | 3.41 |

**COMPOSITION DE LA FARINE À 70 p. 100 D'EXTRACTION.**

| DÉSIGNATION. | de PEL ET DER (Aube). | de LOUESMES (Côte-d'Or). | de SENNEVOY (Côte-d'Or). | D'AIGNAY-LE-DUC (Côte-d'Or). | MOUTON (Côte-d'Or). |
| --- | --- | --- | --- | --- | --- |
| Eau................... | 14.04 | 14.50 | 14.58 | 15.22 | 15.30 |
| Matières solubles dans l'eau. { Glucose......... | 0.41 | 0.36 | 0.29 | 0.20 | 0.37 |
| Saccharose...... | 1.15 | 1.44 | 0.63 | 1.09 | 1.21 |
| Matières azotées, diastases, etc.. | 1.22 | 1.12 | 1.20 | 1.21 | 1.03 |
| Galactine........ | 0.74 | 0.67 | 0.78 | 0.74 | 0.46 |
| Matières minérales. | 0.30 | 0.27 | 0.27 | 0.33 | 0.34 |
| Inconnues....... | " | " | 0.30 | 0.03 | " |
| Total.......... | 3.82 | 3.86 | 3.47 | 3.66 | 3.40 |

(1) Y compris les débris.

| DÉSIGNATION. | BLÉ | | | | |
| --- | --- | --- | --- | --- | --- |
| | de PEL ET DER (Aube). | de LOUESMES (Côte-d'Or). | de SENNEVOY (Côte-d'Or). | D'AIGNAY-LE-DUC (Côte-d'Or). | MOUTON (Côte-d'Or). |
| COMPOSITION DE LA FARINE À 70 P. 100 D'EXTRACTION. (*Suite.*) | | | | | |
| Matières insolubles dans l'eau. — Gluten | 10.68 | 7.60 | 7.93 | 5.75 | 8.25 |
| Amidon | 69.53 | 72.10 | 71.77 | 73.62 | 70.32 |
| Matières grasses | 0.95 | 1.01 | 0.96 | 0.94 | 0.92 |
| Matières minérales | 0.13 | 0.28 | 0.31 | 0.21 | 0.19 |
| Cellules et débris | 0.09 | 0.28 | 0.18 | 0.22 | 0.13 |
| Total | 81.38 | 81.27 | 81.15 | 80.74 | 80.31 |
| Total général | 99.24 | 99.63 | 99.20 | 99.56 | 99.01 |
| Inconnues et pertes | 0.76 | 0.37 | 0.80 | 0.44 | 0.99 |
| | 100.00 | 100.00 | 100.00 | 100.00 | 100.00 |
| Composition du gluten. — Gluténine | 39.06 | 19.84 | 32.05 | 32.05 | 36.76 |
| Gliadine | 60.94 | 80.16 | 67.95 | 67.95 | 63.24 |
| | 100.00 | 100.00 | 100.00 | 100.00 | 100.00 |
| $\dfrac{\text{Gluténine}}{\text{Gliadine}}$ | $\dfrac{25}{39}$ | $\dfrac{25}{101}$ | $\dfrac{25}{53}$ | $\dfrac{25}{53}$ | $\dfrac{25}{43}$ |
| COMPOSITION DES BAS PRODUITS À 30 P. 100 DE REFUS. | | | | | |
| Eau | 13.51 | 13.38 | 14.04 | 14.42 | 14.92 |
| Matières solubles. — Azotées | 2.38 | 2.29 | 2.62 | 2.36 | 1.61 |
| Hydrocarbonées | 7.28 | 7.03 | 7.86 | 7.19 | 6.92 |
| Minérales | 1.74 | 1.48 | 1.62 | 1.50 | 1.72 |
| Total | 11.40 | 10.80 | 12.10 | 11.05 | 10.25 |
| Matières insolubles. — Gluten | 3.95 | 4.74 | 4.71 | 2.23 | 2.45 |
| Amidon | 24.48 | 26.75 | 26.04 | 26.46 | 26.33 |
| Matières azotées ligneuses | 9.42 | 6.84 | 7.26 | 6.76 | 6.42 |
| Matières grasses | 2.29 | 3.23 | 1.66 | 3.12 | 3.30 |
| Celluloses [1] | 31.59 | 31.35 | 32.05 | 33.52 | 34.05 |
| Matières minérales | 1.81 | 2.43 | 2.06 | 2.17 | 1.64 |
| Total | 73.54 | 75.34 | 73.78 | 74.26 | 74.19 |
| Total général | 98.45 | 99.52 | 99.92 | 99.73 | 99.36 |
| Inconnues et pertes | 1.55 | 0.48 | 0.08 | 0.27 | 0.64 |
| | 100.00 | 100.00 | 100.00 | 100.00 | 100.00 |

[1] Y compris les débris.

2° *Départements de la Côte-d'Or, Nièvre, Saône-et-Loire, Allier et Ain.* — C'est M. Battanchon, professeur départemental d'agriculture du département de Saône-et-Loire, qui a bien voulu nous guider dans nos recherches pour les départements de Saône-et-Loire et de l'Allier, qui représentent la moyenne générale de la culture du blé effectuée sur l'aire géographique représentée, en outre de ces deux départements, par ceux de l'Ain et de la Nièvre. La production moyenne y varie de 1,950,000 quintaux pour le département de l'Allier, à 1,220,000 quintaux pour celui de la Nièvre. La consommation de cette région, comme d'ailleurs celle de l'Est et du Sud-Est en général, exige des farines riches en gluten, plus riches que celles exigées par la boulangerie parisienne par exemple; aussi voit-on la minoterie de ces départements et des départements de la Côte-d'Or et du Jura rejeter quelques variétés de blés blancs et bigarrés peu riches en matière azotée insoluble, pour n'accepter que quelques blés de pays bien définis, qu'on mélange ensemble pour la mouture et dont on remonte encore le taux de gluten par l'addition de 15 p. 100 environ de blés provenant de Russie.

Les variétés que nous avons analysées sont au nombre de trois et représentent les produits les plus répandus et les plus estimés de cette région. L'une est connue sous le nom de *blé rouge barbu*, l'autre sous le nom de *blé rouge sans barbes* ou *blé Moutot* ou *Mouton*, et le troisième est un blé blanc dit *blé blanc de Bresse*. Elles ont été prélevées au moulin des fils Ph. Bernigaud, à Branges (Saône-et-Loire). La production de ces diverses variétés oscille, en bonne culture, entre 17 et 20 hectolitres à l'hectare.

C'est à M. Magnien, professeur départemental d'agriculture du département de la Côte-d'Or, que nous avons eu recours pour l'étude et le prélèvement des blés cultivés dans ce département. Le nombre des variétés étudiées est de quatre : 1° blé Mouton; 2° blé roux d'Aignay-le-Duc; 3° blé de Louesmes; 4° blé de Sennevoye. Les trois premières variétés sont originaires du Châtillonnais; leur rendement est d'environ 15 à 16 quintaux à l'hectare. La quatrième variété est originaire du canton de Bligny-sur-Ouche, arrondissement de Beaune, elle est très rustique, talle beaucoup et son rendement moyen atteint de 18 à 25 hectolitres à l'hectare et, en année favorable, s'élève même à 30 hectolitres. Elle a été sélectionnée une première fois avant 1870, par M. Maître (Achille), président du Comité d'agriculture de Châtillon-sur-Seine, et une deuxième fois par le même pendant les années 1886 et 1887. Mise en comparaison, à la ferme de M. Renaut, à Bonvent, avec les blés Mouton et de Louesmes, elle a donné une récolte de 24 quintaux, tandis que les deux autres variétés n'ont rendu que 16 quintaux à l'hectare.

Si maintenant nous jetons un coup d'œil sur la composition de ces blés établie dans les tableaux ci-dessous et les précédents, nous voyons d'abord que l'hydratation de chacun d'eux et le poids moyen du grain sont sensiblement les mêmes. La proportion d'albumen est aussi à peu près égale dans chacune des variétés, sauf dans le blé blanc de Bresse, où elle est très nettement supérieure, et dans le blé rouge barbu de Saône-et-Loire, où elle est en diminution de 2 p. 100 au moins sur la moyenne.

En général, la teneur en gluten de ces variétés est sensiblement la même, sauf en ce qui concerne le blé d'Aignay-le-Duc dont la teneur pour le blé entier n'est que de 4.70 p. 100, que de 5.75 p. 100 pour la farine à 70, tandis que les chiffres correspondants pour la variété immédiatement supérieure sont de 6 p. 100 et de 7.48 p. 100.

Si donc on compare les blés de cette région avec ceux de la région précédente, la supériorité reste à ces derniers et le blé de Pel et Der, surtout, se fait remarquer par sa grande richesse en gluten.

| DÉSIGNATION. | BLÉ | | | | |
|---|---|---|---|---|---|
| | D'ALTKIRCH. (Haute-Marne.) | DE LOUESMES. (Haute-Marne.) | BLANC DE BRESSE. (Saône-et-Loire.) | MOUTON. (Saône-et-Loire.) | ROUGE BARBU (Saône-et-Loire.) |
| **COMPOSITION DES BLÉS ENTIERS.** | | | | | |
| Poids moyen d'un grain..... | 0.038 | 0.039 | 0.042 | 0.041 | 0.039 |
| Constitution du grain. Amande......... | 82.95 | 82.42 | 83.78 | 82.25 | 80.26 |
| Germe......... | 1.45 | 1.68 | 1.41 | 2.05 | 1.82 |
| Enveloppe...... | 15.60 | 15.90 | 14.81 | 15.70 | 17.92 |
| | 100.00 | 100.00 | 100.00 | 100.00 | 100.00 |
| Eau............ | 14.50 | 14.46 | 14.51 | 14.06 | 14.27 |
| Matières azotées (1). Gluten........ | 6.92 | 6.64 | 7.15 | 6.42 | 6.00 |
| solubles, diastases, etc.... | 1.54 | 1.56 | 1.78 | 1.53 | 1.41 |
| ligneuses de l'enveloppe...... | 1.95 | 1.88 | 1.79 | 2.31 | 2.16 |
| Amidon............ | 57.55 | 58.47 | 59.02 | 58.22 | 56.81 |
| Matières grasses........... | 1.68 | 1.75 | 1.74 | 1.70 | 1.63 |
| Hydrates de carbone solubles (2). Sucre......... | 0.95 | 1.13 | 1.27 | 0.67 | 1.41 |
| Galactine...... | 0.41 | 0.34 | 0.29 | 0.95 | 0.59 |
| Autres de l'enveloppe........ | 1.97 | 2.54 | 1.60 | 1.81 | 2.10 |
| Celluloses (1)............. | 9.08 | 9.27 | 9.29 | 9.82 | 11.53 |
| Matières minérales......... | 1.51 | 1.60 | 1.23 | 1.51 | 1.47 |
| Inconnues et pertes........ | 1.94 | 0.36 | 0.14 | 0.90 | 0.62 |
| | 100.00 | 100.00 | 100.00 | 100.00 | 100.00 |
| (1) Total des matières azotées. | 10.41 | 9.25 | 10.72 | 10.36 | 9.57 |
| (2) Total des hydrates de carbone solubles.......... | 3.33 | 4.01 | 3.36 | 3.43 | 4.10 |
| **COMPOSITION DE LA FARINE À 70 P. 100 D'EXTRACTION.** | | | | | |
| Eau.................. | 14.92 | 14.22 | 14.60 | 14.24 | 14.38 |
| Matières solubles dans l'eau. Glucose....... | 0.16 | 0.40 | 0.20 | 0.16 | 0.26 |
| Saccharose...... | 1.20 | 1.22 | 1.61 | 0.82 | 1.89 |
| Matières azotées, diastases, etc.. | 1.02 | 1.02 | 1.20 | 1.12 | 1.13 |
| Galactine...... | 0.59 | 0.48 | 0.43 | 1.36 | 0.84 |
| Matières minérales. | 0.32 | 0.40 | 0.36 | 0.22 | 0.40 |
| Inconnues........ | " | 0.03 | " | " | 0.13 |
| Total............ | 3.29 | 3.55 | 3.80 | 3.68 | 4.65 |

(1) Y compris les débris.

| DÉSIGNATION. | BLÉ | | | | |
| --- | --- | --- | --- | --- | --- |
| | D'ALTKIRCH. (Haute-Marne.) | DE LOUESMES. (Haute-Marne.) | DE BRESSE. (Saône-et-Loire.) | MOUTON. (Saône-et-Loire.) | ROUGE DARBU. (Saône-et-Loire.) |
| COMPOSITION DE LA FARINE À 70 P. 100 D'EXTRACTION. (*Suite.*) | | | | | |
| Matières insolubles dans l'eau. — Gluten | 8.04 | 8.17 | 7.90 | 7.68 | 7.48 |
| Amidon | 70.93 | 72.16 | 71.51 | 71.91 | 71.69 |
| Matières grasses | 0.84 | 1.03 | 1.23 | 1.03 | 1.11 |
| Matières minérales | 0.29 | 0.26 | 0.17 | 0.36 | 0.12 |
| Cellules et débris | 0.25 | 0.20 | 0.46 | 0.29 | 0.46 |
| Total | 80.35 | 81.82 | 81.27 | 81.27 | 80.96 |
| Total général | 98.56 | 99.59 | 99.67 | 99.19 | 99.99 |
| Inconnues et pertes | 1.54 | 0.41 | 0.33 | 0.81 | 0.01 |
| | 100.00 | 100.00 | 100.00 | 100.00 | 100.00 |
| Composition du gluten. — Gluténine | 26.31 | 26.88 | 26.04 | 33.78 | 32.46 |
| Gliadine | 73.69 | 73.12 | 73.96 | 66.22 | 67.54 |
| | 100.00 | 100.00 | 100.00 | 100.00 | 100.00 |
| Gluténine / Gliadine | $\frac{25}{70}$ | $\frac{25}{68}$ | $\frac{25}{71}$ | $\frac{25}{49}$ | $\frac{25}{52}$ |
| COMPOSITION DES BAS PRODUITS À 30 P. 100 DE REFUS. | | | | | |
| Eau | 14.56 | 13.97 | 14.30 | 13.65 | 14.05 |
| Matières solubles — azotées | 2.80 | 2.82 | 3.14 | 2.50 | 2.08 |
| hydrocarbonées | 6.58 | 8.47 | 5.32 | 6.02 | 7.02 |
| minérales | 1.82 | 1.76 | 1.44 | 1.48 | 1.30 |
| Total | 11.20 | 13.05 | 9.90 | 10.00 | 10.40 |
| Matières insolubles. — Gluten | 4.31 | 3.06 | 5.40 | 3.46 | 2.53 |
| Amidon | 26.36 | 26.53 | 28.16 | 26.28 | 22.11 |
| Matières azotées ligneuses | 6.49 | 6.26 | 5.98 | 7.71 | 7.19 |
| Matières grasses | 3.65 | 3.51 | 2.98 | 3.25 | 2.83 |
| Celluloses [1] | 30.26 | 30.90 | 30.96 | 32.05 | 37.37 |
| Matières minérales | 1.82 | 2.05 | 1.79 | 2.19 | 2.39 |
| Total | 72.89 | 72.31 | 75.27 | 74.94 | 74.42 |
| Total général | 98.65 | 99.33 | 99.47 | 98.59 | 98.87 |
| Inconnues et pertes | 1.35 | 0.67 | 0.53 | 1.41 | 1.13 |
| | 100.00 | 100.00 | 100.00 | 100.00 | 100.00 |

[1] Y compris les débris.

## BLÉS FRANÇAIS. — ANNÉE 1896. (*Suite.*)

### RÉGION DE L'EST.

1° *Départements de la Marne, Meuse, Meurthe-et-Moselle, Aube et Haute-Marne.* — C'est encore à l'obligeance de M. Guerrapain que nous devons les échantillons de blé de Pel et Der et Louesmes que nous avons soumis à l'analyse pour la récolte de l'année 1896. Malheureusement, le blé d'Altkirch, qui nous avait été expédié de Doncourt (Haute-Marne) par M. Auguste Mouillet, s'est altéré très rapidement et nous avons dû renoncer à son examen. La variété Pel et Der provient, comme en 1895, de la récolte de M. Coquin (Gustave), à Pel et Der même, et la variété Louesmes provient de la récolte de M. Gaucher, à Jonchery (Haute-Marne), qui déjà nous avait fourni l'échantillon de l'année précédente.

Si donc, nous nous en tenons aux deux variétés Pel et Der et Louesmes, et si nous comparons les résultats des deux années 1895 et 1896, nous voyons que l'hydratation est plus faible en 1896, mais que le poids moyen du grain pour cette année est supérieur à celui de 1895, et que, pour le blé de Pel et Der, la quantité d'amande farineuse est en augmentation de 1.35 p. 100.

Relativement à la quantité de gluten, le blé de Pel et Der est, en 1896, en diminution d'un peu plus de 0.5 p. 100 sur 1895, mais cette proportion atteint encore 8. p 100, supérieure de 0.8 p. 100 sur le blé de Louesmes, qui lui-même est en supériorité de 0.6 p. 100 environ sur 1895. Il s'ensuit que, pour ces deux variétés, la quantité de gluten contenue dans la farine à 70 p. 100 atteint 9.38 pour le blé Pel et Der, 8.88 pour le blé de Louesmes, ce qui vient à l'appui des remarques déjà faites pour l'année 1895.

| DÉSIGNATION. | BLÉ | | | | |
| --- | --- | --- | --- | --- | --- |
| | DE PEL ET DER. (Aube.) | DE LOUESMES. (Haute-Marne.) | DE LOUESMES. (Côte-d'Or.) | DE SENNEVOY. (Côte-d'Or.) | D'AIGNAY-LE-DUC. (Côte-d'Or). |
| COMPOSITION DES BLÉS ENTIERS. | | | | | |
| Poids moyen d'un grain..... | 0.052 | 0.042 | 0.042 | 0.042 | 0.042 |
| Constitution du grain. { Amande........ | 83.35 | 82.54 | 82.55 | 84.02 | 82.21 |
| Germe........ | 1.44 | 1.51 | 1.51 | 1.42 | 1.58 |
| Enveloppe...... | 15.21 | 15.95 | 15.94 | 14.56 | 16.21 |
| | 100.00 | 100.00 | 100.00 | 100.00 | 100.00 |

| DÉSIGNATION. | BLÉ | | | | |
|---|---|---|---|---|---|
| | DE PEL ET DUR. (Aube.) | DE LOUESMES. (Haute-Marne.) | DE LOUESMES, (Côte-d'Or.) | DE SENNEVOY. (Côte-d'Or). | D'AIGNAY-LE-DUC. (Côte-d'Or.) |
| **COMPOSITION DES BLÉS ENTIERS.** (*Suite.*) | | | | | |
| Eau | 13.42 | 13.21 | 14.24 | 12.49 | 14.80 |
| Matières azotées (1). { Gluten | 7.99 | 7.20 | 6.72 | 7.95 | 7.15 |
| Matières azotées (1). { solubles, diastases, etc. | 1.35 | 1.02 | 1.37 | 1.28 | 1.51 |
| Matières azotées (1). { ligneuses de l'enveloppe | 2.39 | 1.52 | 2.03 | 1.51 | 2.08 |
| Amidon | 57.11 | 58.34 | 57.60 | 59.34 | 57.30 |
| Matières grasses | 1.37 | 1.45 | 1.59 | 1.65 | 1.26 |
| Hydrates de carbone solubles (2). { Sucre | 1.43 | 1.32 | 1.49 | 1.47 | 1.36 |
| Hydrates de carbone solubles (2). { Galactine | 0.58 | 0.55 | 0.47 | 0.55 | 0.59 |
| Hydrates de carbone solubles (2). { Autres de l'enveloppe | 2.28 | 1.93 | 2.03 | 2.09 | 1.82 |
| Celluloses (1) | 9.04 | 11.13 | 9.35 | 9.48 | 9.73 |
| Matières minérales | 1.39 | 1.73 | 1.45 | 1.42 | 1.51 |
| Inconnues et pertes | 1.65 | 0.60 | 1.56 | 0.77 | 0.88 |
| | 100.00 | 100.00 | 100.00 | 100.00 | 100.00 |
| (1) Total des matières azotées. | 11.75 | 9.74 | 10.12 | 10.74 | 10.74 |
| (2) Total des hydrates de carbone solubles | 4.29 | 3.80 | 4.09 | 4.11 | 3.77 |
| **COMPOSITION DE LA FARINE À 70 P. 100 D'EXTRACTION.** | | | | | |
| Eau | 13.62 | 13.36 | 14.04 | 12.56 | 14.80 |
| Matières solubles dans l'eau. { Glucose | 0.53 | 0.56 | 0.33 | 0.47 | 0.38 |
| Matières solubles dans l'eau. { Saccharose | 1.51 | 1.33 | 1.79 | 1.63 | 1.56 |
| Matières solubles dans l'eau. { Matières azotées, dinstases, etc. | 0.85 | 0.80 | 0.89 | 0.88 | 1.03 |
| Matières solubles dans l'eau. { Galactine | 0.23 | 0.79 | 0.81 | 0.78 | 0.85 |
| Matières solubles dans l'eau. { Matières minérales | 0.29 | 0.48 | 0.27 | 0.34 | 0.35 |
| Matières solubles dans l'eau. { Inconnues | 0.06 | " | " | " | " |
| Total | 4.07 | 3.96 | 4.10 | 4.10 | 4.17 |
| Matières insolubles dans l'eau. { Gluten | 9.38 | 8.88 | 8.20 | 9.04 | 8.80 |
| Matières insolubles dans l'eau. { Amidon | 70.22 | 71.92 | 70.93 | 72.44 | 70.64 |
| Matières insolubles dans l'eau. { Matières grasses | 0.95 | 1.10 | 1.00 | 1.08 | 0.98 |
| Matières insolubles dans l'eau. { Matières minérales | 0.17 | 0.19 | 0.27 | 0.21 | 0.28 |
| Matières insolubles dans l'eau. { Cellules et débris | 0.34 | 0.31 | 0.26 | 0.32 | 0.30 |
| Total | 81.06 | 82.40 | 80.66 | 83.09 | 81.00 |
| Total général | 98.75 | 99.72 | 98.80 | 99.75 | 99.97 |
| Inconnues et pertes | 1.25 | 0.28 | 1.20 | 0.25 | 0.03 |
| | 100.00 | 100.00 | 100.00 | 100.00 | 100.00 |

(1) Y compris les débris.

| DÉSIGNATION. | BLÉ | | | | |
| --- | --- | --- | --- | --- | --- |
| | DE PEL ET DER. (Aube.) | DE LOUESMES. (Haute-Marne.) | DE LOUESMES. (Côte-d'Or.) | DE SENNEVOY. (Côte-d'Or.) | D'AIGNAY-LE-DUC. (Côte-d'Or) |
| COMPOSITION DE LA FARINE À 70 P. 100 D'EXTRACTION. (Suite.) | | | | | |
| Composition du gluten. { Gluténine | 39.76 | 39.06 | 25.51 | 28.10 | 38.46 |
| Gliadine | 63.24 | 60.94 | 74.49 | 71.90 | 61.54 |
| | 100.00 | 100.00 | 100.00 | 100.00 | 100.00 |
| $\dfrac{\text{Gluténine}}{\text{Gliadine}}$ | $\dfrac{25}{43}$ | $\dfrac{25}{39}$ | $\dfrac{25}{73}$ | $\dfrac{25}{64}$ | $\dfrac{25}{40}$ |
| COMPOSITION DES BAS PRODUITS À 30 P. 100 DE REFUS. | | | | | |
| Eau | 12.97 | 12.87 | 14.70 | 12.31 | 14.79 |
| Matières solubles. { azotées | 2.53 | 1.54 | 2.50 | 2.20 | 2.62 |
| hydrocarbonées | 7.61 | 6.43 | 7.49 | 6.97 | 6.08 |
| minérales | 1.46 | 1.98 | 1.46 | 1.48 | 1.80 |
| Total | 11.60 | 9.95 | 11.45 | 10.65 | 10.50 |
| Matières insolubles. { Gluten | 4.73 | 3.28 | 4.24 | 5.39 | 3.29 |
| Amidon | 26.54 | 26.68 | 25.62 | 28.77 | 26.16 |
| Matières azotées ligneuses | 7.97 | 5.05 | 6.76 | 5.36 | 6.94 |
| Matières grasses | 1.71 | 2.25 | 2.97 | 2.85 | 1.98 |
| Celluloses [1] | 30.13 | 36.34 | 31.16 | 30.87 | 32.43 |
| Matières minérales | 2.06 | 2.11 | 2.09 | 1.86 | 2.05 |
| Total | 73.14 | 75.71 | 72.83 | 75.20 | 73.85 |
| Total général | 99.71 | 98.53 | 98.98 | 98.16 | 99.14 |
| Inconnues et pertes | 0.29 | 1.47 | 1.02 | 1.84 | 0.86 |
| | 100.00 | 100.00 | 100.00 | 100.00 | 100.00 |

[1] Y compris les débris.

2° *Départements de la Côte-d'Or, Nièvre, Saône-et-Loire, Allier et Ain.* — C'est encore à l'obligeance de MM. Battanchon et Magnien que nous devons les échantillons, pour cette région, des blés analysés en 1896. Toutes les variétés soumises à nos investigations en 1895 ont donc été de nouveau examinées.

Le blé blanc de Bresse a été récolté dans le rayon de Louhans, le blé rouge barbu vient du rayon de Chalon-sur-Saône et le blé rouge Mouton a été récolté à Saint-Germain-du-Plain.

Les blés de Louesmes, de Sennevoy, d'Aignay-le-Duc et Mouton qui nous ont été adressés par M. Magnien proviennent des mêmes cultures que ceux de l'année 1895.

En ce qui concerne les blés du département de Saône-et-Loire, on peut dire qu'en 1896, leur poids moyen est égal à celui de 1895 et que le degré d'hydratation est sensiblement le même, sauf pour le blé rouge barbu où il n'est que de 13.67, au lieu de 14.27. Pour ce dernier blé également, en 1896, la proportion d'albumen est en augmentation de 2 p. 100 environ.

Au point de vue industriel, les proportions de gluten contenu dans le blé entier et la farine à 70 p. 100 montrent qu'en 1896 le blé blanc de Bresse est en légère diminution sur l'année précédente, le blé rouge barbu restant stationnaire, mais que le blé Mouton a subi au contraire une augmentation sensible.

Si on examine, pour 1895 et 1896, les tableaux qui donnent la composition des blés de la région de la Côte-d'Or, on pourra en tirer toutes les conclusions qui s'imposent, mais les seules sur lesquelles nous tenons à insister sont les suivantes : 1° la valeur industrielle des blés est supérieure en 1896; 2° le blé d'Aignay-le-Duc a subi une augmentation de 2.5 p. 100 sur le gluten; 3° les blés Mouton et Sennevoy ont une valeur supérieure aux deux variétés qui les accompagnent.

| DÉSIGNATION. | BLÉ | | | |
| --- | --- | --- | --- | --- |
| | blanc DE BRESSE (Saône-et-Loire). | MOUTON (Côte-d'Or). | MOUTON (Saône-et-Loire). | ROUGE BARBU (Saône-et-Loire). |
| COMPOSITION DES BLÉS ENTIERS. | | | | |
| Poids moyen d'un grain | 0.043 | 0.040 | 0.041 | 0.039 |
| Constitution du grain. — Amande | 83.50 | 83.75 | 81.40 | 82.35 |
| Germe | 1.37 | 1.33 | 1.36 | 1.82 |
| Enveloppe | 15.13 | 14.92 | 17.24 | 15.83 |
| | 100.00 | 100.00 | 100.00 | 100.00 |
| Eau | 14.40 | 13.32 | 14.56 | 13.67 |
| Matières azotées (1). — Gluten | 6.59 | 8.11 | 7.12 | 5.84 |
| solubles, diastases, etc. | 1.15 | 1.46 | 1.27 | 1.67 |
| ligneuses de l'enveloppe | 2.00 | 1.82 | 2.42 | 2.00 |
| Amidon | 58.31 | 59.12 | 56.40 | 59.48 |
| Matières grasses | 1.47 | 1.69 | 1.35 | 0.93 |
| A reporter | 83.92 | 85.52 | 83.22 | 83.59 |
| (1) Total des matières azotées | 9.74 | 11.39 | 10.91 | 9.51 |

| DÉSIGNATION. | BLÉ | | | |
| --- | --- | --- | --- | --- |
| | blanc DE BRESSE (Saône-et-Loire). | MOUTON (Côte-d'Or). | MOUTON (Saône-et-Loire). | ROUGE BARBU (Saône-et-Loire). |

### COMPOSITION DES BLÉS ENTIERS. (*Suite.*)

| DÉSIGNATION. | blanc DE BRESSE | MOUTON (Côte-d'Or). | MOUTON (Saône-et-Loire). | ROUGE BARBU |
| --- | --- | --- | --- | --- |
| Report | 83.92 | 85.52 | 83.22 | 83.59 |
| Hydrates de carbone solubles (2). — Sucre | 1.62 | 0.97 | 1.19 | 1.49 |
| Hydrates de carbone solubles (2). — Galactine | 0.67 | 0.58 | 0.45 | 0.41 |
| Hydrates de carbone solubles (2). — Autres de l'enveloppe | 2.18 | 1.85 | 1.76 | 1.90 |
| Celluloses (1) | 9.34 | 9.11 | 11.00 | 10.57 |
| Matières minérales | 1.39 | 1.33 | 1.41 | 1.38 |
| Inconnues et pertes | 0.88 | 0.64 | 0.97 | 0.66 |
| | 100.00 | 100.00 | 100.00 | 100.00 |
| (2) Total des hydrates de carbone solubles | 4.47 | 3.40 | 3.40 | 3.80 |

### COMPOSITION DE LA FARINE À 70 P. 100 D'EXTRACTION.

| DÉSIGNATION. | blanc DE BRESSE | MOUTON (Côte-d'Or). | MOUTON (Saône-et-Loire). | ROUGE BARBU |
| --- | --- | --- | --- | --- |
| Eau | 14.42 | 13.20 | 14.72 | 13.76 |
| Matières solubles dans l'eau. — Glucose | 0.36 | 0.40 | 0.28 | 0.42 |
| Matières solubles dans l'eau. — Saccharose | 1.97 | 0.98 | 1.42 | 1.71 |
| Matières solubles dans l'eau. — Matières azotées, diastases, etc. | 0.69 | 1.06 | 1.00 | 1.33 |
| Matières solubles dans l'eau. — Galactine | 0.96 | 0.81 | 0.64 | 0.58 |
| Matières solubles dans l'eau. — Matières minérales | 0.27 | 0.26 | 0.25 | 0.27 |
| Matières solubles dans l'eau. — Inconnues | " | " | 0.19 | " |
| TOTAL | 4.25 | 3.51 | 3.78 | 4.31 |
| Matières insolubles dans l'eau. — Gluten | 7.27 | 9.27 | 8.84 | 7.55 |
| Matières insolubles dans l'eau. — Amidon | 71.65 | 71.92 | 70.24 | 73.09 |
| Matières insolubles dans l'eau. — Matières grasses | 1.11 | 0.99 | 0.93 | 0.57 |
| Matières insolubles dans l'eau. — Matières minérales | 0.26 | 0.32 | 0.37 | 0.35 |
| Matières insolubles dans l'eau. — Cellules et débris | 0.27 | 0.24 | 0.48 | 0.17 |
| TOTAL | 80.56 | 82.74 | 80.86 | 81.73 |
| TOTAL GÉNÉRAL | 99.23 | 99.45 | 99.36 | 99.80 |
| Inconnues et pertes | 0.77 | 0.55 | 0.64 | 0.20 |
| | 100.00 | 100.00 | 100.00 | 100.00 |

(1) Y compris les débris.

| DÉSIGNATION. | BLÉ | | | |
|---|---|---|---|---|
| | blanc DE BRESSE (Saône-et-Loire). | MOUTON (Côte-d'Or). | MOUTON (Saône-et-Loire). | ROUGE BARBU (Saône-et-Loire). |
| COMPOSITION DE LA FARINE À 70 P. 100 D'EXTRACTION. (*Suite.*) | | | | |
| Composition du gluten. { Gluténine | 34.72 | 29.76 | 24.27 | 24.50 |
| Gliadine | 65.28 | 70.24 | 75.73 | 75.50 |
| | 100.00 | 100.00 | 100.00 | 100.00 |
| $\dfrac{\text{Gluténine}}{\text{Gliadine}}$ | $\dfrac{25}{47}$ | $\dfrac{25}{59}$ | $\dfrac{25}{78}$ | $\dfrac{25}{77}$ |
| COMPOSITION DES BAS PRODUITS À 30 P. 100 DE REFUS. | | | | |
| Eau | 14.15 | 13.59 | 13.67 | 13.48 |
| Matières solubles { azotées | 2.19 | 2.40 | 2.22 | 2.46 |
| hydrocarbonées | 7.26 | 6.15 | 5.86 | 6.33 |
| minérales | 1.60 | 1.40 | 1.62 | 1.46 |
| TOTAL | 11.05 | 9.95 | 9.70 | 10.25 |
| Matières insolubles. { Gluten | 4.99 | 5.13 | 3.06 | 1.82 |
| Amidon | 27.18 | 29.24 | 24.10 | 27.72 |
| Matières azotées ligneuses | 6.65 | 6.06 | 8.06 | 6.67 |
| Matières grasses | 2.29 | 3.31 | 2.34 | 1.77 |
| Celluloses [1] | 30.50 | 30.38 | 35.58 | 34.83 |
| Matières minérales | 1.70 | 1.66 | 1.53 | 1.61 |
| TOTAL | 73.31 | 75.78 | 74.67 | 74.42 |
| TOTAL GÉNÉRAL | 98.51 | 99.32 | 98.04 | 98.15 |
| Inconnues et pertes | 1.49 | 0.68 | 1.96 | 1.85 |
| | 100.00 | 100.00 | 100.00 | 100.00 |

[1] Y compris les débris.

## BLÉS FRANÇAIS. — ANNÉE 1895. (*Suite.*)

### RÉGION DE L'OUEST.

1° *Départements du Calvados, Eure, Orne, Eure-et-Loir, Loir-et-Cher et Loiret.* — Dans cette région importante pour la culture du blé, le département d'Eure-et-Loir tient la tête avec une production moyenne annuelle de 1,900,000 à 2 millions de quintaux, les autres départements viennent ensuite avec 1,500,000 quintaux environ, sauf l'Orne qui descend à 700,000 quintaux seulement. C'est M. Garola, directeur de la Station agronomique de Chartres, qui a bien voulu nous guider dans nos recherches pour cette région, et c'est à lui que nous devons les échantillons des blés gris de Saint-Laud et Dattel qui y sont très répandus. C'est à lui que nous devons également l'échantillon du blé Chicot si répandu dans le département de l'Orne. Il est à remarquer que nous n'avons pas fait, pour 1895, l'analyse du blé de Bordeaux dont l'importance est capitale pour cette région. Cela tient à ce que nos recherches ayant commencé en 1896 seulement, nous n'avons pu nous procurer d'échantillon authentique de ce dernier blé pris en grande culture, mais on le retrouvera en 1896.

Le rendement moyen du blé gris de Saint-Laud peut varier en bonne culture de 28 à 34 quintaux à l'hectare; c'est aussi le rendement, quoique légèrement inférieur, qu'on peut compter pour le blé Dattel.

L'hydratation de ces blés est sensiblement la même pour le gris de Saint-Laud et le Chicot, mais elle est plus faible pour le blé Dattel. Le poids moyen du grain est le même pour les trois variétés, mais la proportion d'amande farineuse est sensiblement plus faible dans le blé Chicot où elle n'atteint que 82.78 au lieu de 84.47 pour le gris de Saint-Laud et 85.10 pour le Dattel. L'étude des tableaux ci-joints montre aussi que la valeur industrielle de ces blés suit une marche ascendante, le blé Chicot formant la base avec 6.32 p. 100 de gluten pour le grain entier, 7.40 p. 100 pour la farine à 70, le blé Dattel tenant le sommet avec 7.32 p. 100 de gluten pour le grain entier, 8.91 p. 100 pour la farine à 70, et enfin le blé gris de Saint-Laud se plaçant au milieu des deux précédents par sa teneur de 7.10 de gluten pour le grain entier et 8.14 pour la farine à 70.

2° *Départements d'Ille-et-Vilaine, Mayenne, Sarthe, Loire-Inférieure, Maine-et-Loire, Vendée, Deux-Sèvres et Vienne.* — C'est le département de Maine-et-Loire, placé au centre de cette région, qui représente, tant pour les méthodes que pour les variétés cultivées, la moyenne des usages adoptés dans cette partie de l'ouest de la France. Aussi est-ce à M. Morain, professeur départemental d'agriculture de ce département, que nous nous sommes adressés pour nous aider dans nos recherches et c'est à lui que nous devons les échantillons que nous avons soumis à l'analyse. En bonne année moyenne, le département de Maine-et-Loire produit environ 1,900,000 quintaux, les autres départements viennent ensuite avec 1,400,000 à 1,800,000 quintaux, sauf le département de la Sarthe, qui reste au-dessous de 1 million de quintaux.

| DÉSIGNATION. | BLÉ | | | | |
|---|---|---|---|---|---|
| | gris DE SAINT-LAUD (Eure-et-Loir). | DATTEL (Eure-et-Loir). | rouge DE SAINT-LAUD (Maine-et-Loire). | rouge prime ET SAINT-LAUD (Maine et-Loire.) | DES LANDES (Loire-Inférieure.) |
| COMPOSITION DES BLÉS ENTIERS. | | | | | |
| Poids moyen d'un grain..... | 0.050 | 0.049 | 0.045 | 0.044 | 0.056 |
| Constitution du grain. { Amande........ | 84.47 | 85.10 | 84.02 | 82.33 | 82.13 |
| Germe......... | 1.16 | 1.44 | 1.52 | 1.31 | 0.99 |
| Enveloppe...... | 14.37 | 13.46 | 14.46 | 16.36 | 16.88 |
| | 100.00 | 100.00 | 100.00 | 100.00 | 100.00 |

| DÉSIGNATION. | BLÉ | | | | |
| --- | --- | --- | --- | --- | --- |
| | gris<br>DE SAINT-LAUD<br>(Eure-et-Loir). | DATTEL<br>(Eure-et-Loir). | rouge<br>DE SAINT-LAUD<br>(Maine-et-Loire). | rouge prime<br>ET SAINT-LAUD<br>(Maine-et-Loire). | DES LANDES<br>(Loire-<br>Inférieure). |
| **COMPOSITION DES BLÉS ENTIERS. (*Suite.*)** | | | | | |
| Eau. | 14.94 | 13.68 | 14.66 | 15.07 | 14.42 |
| Matières azotées (1). — Gluten. | 7.10 | 7.32 | 7.41 | 6.00 | 6.05 |
| Matières azotées (1). — Solubles, diastases, etc. | 1.74 | 1.62 | 1.45 | 1.66 | 1.58 |
| Matières azotées (1). — Ligneuses de l'enveloppe. | 1.46 | 1.92 | 1.57 | 2.10 | 2.53 |
| Amidon. | 58.78 | 60.00 | 58.04 | 59.23 | 58.72 |
| Matières grasses. | 1.61 | 2.25 | 1.52 | 1.49 | 1.49 |
| Hydrates de carbone solubles (2). — Sucre. | 0.75 | 1.11 | 1.20 | 0.62 | 1.18 |
| Hydrates de carbone solubles (2). — Galactine. | 0.69 | 0.43 | 0.48 | 0.42 | 0.50 |
| Hydrates de carbone solubles (2). — Autres de l'enveloppe. | 1.77 | 2.12 | 2.08 | 1.77 | 1.82 |
| Celluloses (1). | 8.88 | 7.77 | 9.22 | 9.53 | 9.95 |
| Matières minérales. | 1.54 | 1.37 | 1.37 | 1.57 | 1.54 |
| Inconnues et pertes. | 0.74 | 1.11 | 1.00 | 0.62 | 0.22 |
| | 100.00 | 100.00 | 100.00 | 100.00 | 100.00 |
| (1) Total des matières azotées. | 10.30 | 10.16 | 10.43 | 9.68 | 10.16 |
| (2) Total des hydrates de carbone solubles. | 3.21 | 3.66 | 3.76 | 2.81 | 3.50 |
| **COMPOSITION DE LA FARINE À 70 P. 100 D'EXTRACTION.** | | | | | |
| Eau. | 14.74 | 13.74 | 15.04 | 14.74 | 14.68 |
| Matières solubles dans l'eau. — Glucose. | 0.09 | 0.31 | 0.29 | 0.20 | 0.59 |
| Matières solubles dans l'eau. — Saccharose. | 0.98 | 1.28 | 1.42 | 0.69 | 1.09 |
| Matières solubles dans l'eau. — Matières azotées, diastases, etc. | 1.28 | 1.14 | 1.02 | 1.31 | 1.26 |
| Matières solubles dans l'eau. — Galactine. | 0.99 | 0.62 | 0.68 | 0.60 | 0.71 |
| Matières solubles dans l'eau. — Matières minérales. | 0.22 | 0.30 | 0.27 | 0.24 | 0.45 |
| Matières solubles dans l'eau. — Inconnues. | " | 0.02 | 0.14 | " | 0.10 |
| TOTAL. | 3.56 | 3.67 | 3.82 | 3.04 | 4.20 |
| Matières insolubles dans l'eau. — Gluten. | 8.14 | 8.91 | 8.47 | 7.58 | 7.65 |
| Matières insolubles dans l'eau. — Amidon. | 71.22 | 71.72 | 70.58 | 72.55 | 71.65 |
| Matières insolubles dans l'eau. — Matières grasses. | 0.95 | 1.22 | 1.02 | 1.00 | 0.91 |
| Matières insolubles dans l'eau. — Matières minérales. | 0.40 | 0.23 | 0.31 | 0.28 | 0.28 |
| Matières insolubles dans l'eau. — Cellules de débris. | 0.23 | 0.34 | 0.39 | 0.29 | 0.23 |
| TOTAL. | 80.94 | 82.42 | 80.77 | 81.70 | 80.72 |
| TOTAL GÉNÉRAL. | 99.24 | 99.83 | 99.63 | 99.48 | 99.60 |
| Inconnues et pertes. | 0.76 | 0.17 | 0.37 | 0.52 | 0.40 |
| | 100.00 | 100.00 | 100.00 | 100.00 | 100.00 |

(1) Y compris les débris.

| DÉSIGNATION. | BLÉ | | | | |
| --- | --- | --- | --- | --- | --- |
| | gris DE SAINT-LAUD (Eure-et-Loir). | DATTEL (Eure-et-Loir). | rouge DE SAINT-LAUD (Maine-et-Loire). | rouge prime ET SAINT-LAUD (Maine-et-Loire). | DES LANDES (Loire-Inférieure). |
| COMPOSITION DE LA FARINE À 70 P. 100 D'EXTRACTION. (*Suite.*) | | | | | |
| Composition du gluten. — Gluténine | 25.77 | 30.48 | 31.64 | 30.48 | 39.06 |
| Gliadine | 74.23 | 69.52 | 68.36 | 69.52 | 60.94 |
| | 100.00 | 100.00 | 100.00 | 100.00 | 100.00 |
| $\frac{\text{Gluténine}}{\text{Gliadine}}$ | $\frac{25}{72}$ | $\frac{25}{57}$ | $\frac{25}{54}$ | $\frac{25}{57}$ | $\frac{25}{39}$ |
| COMPOSITION DES BAS PRODUITS À 30 P. 100 DE RÉFUS. | | | | | |
| Eau | 14.33 | 13.31 | 13.77 | 14.96 | 13.80 |
| Matières solubles — azotées | 2.92 | 2.73 | 2.47 | 2.47 | 2.32 |
| hydrocarbonées | 5.91 | 7.06 | 6.95 | 5.90 | 6.07 |
| minérales | 1.72 | 1.56 | 1.58 | 1.58 | 1.36 |
| TOTAL | 10.55 | 11.35 | 11.00 | 9.95 | 9.65 |
| Matières insolubles — Gluten | 4.67 | 3.59 | 4.93 | 2.28 | 1.82 |
| Amidon | 29.79 | 33.35 | 28.76 | 28.12 | 28.54 |
| Matières azotées ligneuses | 4.88 | 6.41 | 5.23 | 6.99 | 7.44 |
| Matières grasses | 3.16 | 3.68 | 2.68 | 2.63 | 2.85 |
| Celluloses [1] | 29.06 | 25.90 | 30.73 | 31.78 | 33.16 |
| Matières minérales | 1.81 | 1.79 | 1.63 | 2.41 | 2.16 |
| TOTAL | 73.37 | 74.72 | 73.96 | 74.21 | 75.97 |
| TOTAL GÉNÉRAL | 98.25 | 99.38 | 98.73 | 99.12 | 99.42 |
| Inconnues et pertes | 1.75 | 0.62 | 1.27 | 0.88 | 0.58 |
| | 100.00 | 100.00 | 100.00 | 100.00 | 100.00 |

[1] Y compris les débris.

Les variétés cultivées dans cette région sont assez nombreuses, les unes sont cultivées pures, les autres sont cultivées en mélange. Nous avons examiné : 1° la variété dite *rouge de Saint-Laud* ou *de Saumur*, cultivée dans les terrains riches, argilo-siliceux des environs d'Angers ; le rendement y atteint 28 à 30 hectolitres par hectare ; 2° un mélange de blé *rouge prime* ou *rouge de Saint-Nazaire* et *blé de Saint-Laud*, récolté également aux environs d'Angers, et dont le rendement varie de 25 à 28 hectolitres et atteint même 30 hectolitres à l'hectare ; 3° un blé du pays dit *blé des Landes*, récolté dans l'arrondissement de Saint-Nazaire et dont le rendement à l'hectare, suivant les années, varie de 14 à 25 hectolitres; 4° un blé du pays dit *blé riz*, cultivé dans l'arrondissement de Nantes et dans la partie voisine de la Vendée; le rendement de ce blé à l'hectare varie de 15 à 25 hectolitres; 5° un blé du pays, cultivé dans l'arrondissement de Saint-Nazaire, dit *blé Tacon*, dont le rendement à l'hectare varie de 14 à 22 hectolitres; 6° un mélange de blé gris de Saint-Laud et de blé de Bordeaux, récolté dans l'arrondissement de Beaugé (Maine-et-Loire), où son rendement atteint 25 à 28 hectolitres à l'hectare; 7° enfin un blé du pays, récolté dans l'arrondissement de Châteaubriant où il produit 16 à 24 hectolitres à l'hectare.

Tous ces blés ont un grain de grosseur à peu près semblable; sauf le blé des Landes et le blé Tacon dont le poids moyen du grain atteint 0,056 et 0,043 au lieu de 0,048 en moyenne. L'hydratation en est à peu près la même sauf pour le blé Tacon, où elle est plus faible que dans les autres puisqu'elle n'est que de 13.26 p. 100, et pour le mélange rouge prime et Saint-Laud, où elle est plus élevée puisqu'elle atteint 15.07. La proportion d'amande farineuse est très voisine du chiffre moyen de 82 p. 100. Seuls s'en écartent le blé rouge de Saint-Laud avec 84 p. 100 et le blé riz pour lequel cette proportion s'élève à 83.50 p. 100 environ.

Si l'on examine les tableaux de composition de blé entier et de la farine à 70 p. 100, et que l'on compare ces blés entre eux au point de vue de leur teneur en gluten, il est facile de voir qu'on peut les classer, quant à leur valeur industrielle, en deux catégories. Dans la première, prendra place et en première ligne le blé riz (grain entier, 8.33 p. 100 de gluten, farine à 70 = 9.89 p. 100), puis viendra le blé rouge de Saint-Laud (grain entier = 7.41 p. 100 de gluten; farine à 70 = 8.47 p. 100); enfin prendra place le blé Tacon (grain entier = 6.52 p. 100 de gluten; farine à 70 = 8.22.) Dans la deuxième catégorie viendront se ranger le mélange rouge prime et Saint-Laud, le blé des Landes, le mélange gris de Saint-Laud et Bordeaux, avec une moyenne de 6 à 7.36 de gluten pour le blé entier, 7.60 environ pour la farine à 70 p. 100, et enfin, tout à fait en dessous se trouvera le blé du pays de Châteaubriant qui n'a que 5.64 p. 100 de gluten pour le blé entier et 7.10 p. 100 pour la farine à 70.

| DÉSIGNATION. | BLÉ | | | | |
| --- | --- | --- | --- | --- | --- |
| | CHICOT. (Orne.) | RIZ. (Loire-Infér<sup>re</sup>). | TACON. (Loire-Infér<sup>re</sup>.) | GRIS DE SAINT-LAUD ET BORDEAUX. (Maine-et-Loire.) | DE PAYS CHATEAUBRIANT. (Loire-Infér<sup>re</sup>.) |
| COMPOSITION DES BLÉS ENTIERS. | | | | | |
| Poids moyen d'un grain..... | 0.050 | 0.048 | 0.053 | 0.046 | 0.047 |
| Constitution du grain. { Amande...... | 82.78 | 83.47 | 83.23 | 81.99 | 81.81 |
| Germe....... | 1.24 | 1.15 | 0.92 | 1.06 | 1.34 |
| Enveloppe..... | 15.98 | 15.38 | 15.85 | 16.95 | 16.85 |
| | 100.00 | 100.00 | 100.00 | 100.00 | 100.00 |

| DÉSIGNATION. | BLÉ | | | | |
| --- | --- | --- | --- | --- | --- |
| | CHICOT. (Orne.) | RIZ. (Loire.Infér<sup>re</sup>.) | TACON. (Loire-Infér<sup>re</sup>.) | GRIS DE SAINT-LAUD ET BORDEAUX. (Maine-et-Loire.) | DE PAYS CHÂTEAUBRIANT. (Loire-Infér<sup>re</sup>.) |
| COMPOSITION DES BLÉS ENTIERS. (Suite.) | | | | | |
| Eau....................... | 14.70 | 13.83 | 13.26 | 14.01 | 14.82 |
| Matières azotées(1). Gluten........... | 6.32 | 8.33 | 6.52 | 6.36 | 5.64 |
| Matières azotées(1). solubles, diastases, etc...... | 1.53 | 1.82 | 1.56 | 1.85 | 1.35 |
| Matières azotées(1). ligneuses de l'enveloppe.......... | 1.73 | 2.19 | 2.22 | 2.52 | 2.09 |
| Amidon.................... | 59.31 | 57.67 | 58.89 | 58.61 | 56.65 |
| Matières grasses........... | 1.66 | 1.44 | 1.44 | 1.50 | 1.33 |
| Hydrates de carbone solubles (2). Sucre............ | 0.67 | 1.06 | 0.97 | 1.25 | 0.77 |
| Hydrates de carbone solubles (2). Galactine......... | 0.61 | 2.03 | 0.47 | 0.47 | 0.60 |
| Hydrates de carbone solubles (2). Autres de l'enveloppe.......... | 1.53 | 9.39 | 1.90 | 1.94 | 1.85 |
| Celluloses (1)............... | 9.57 | 1.52 | 9.07 | 10.06 | 10.01 |
| Matières minérales......... | 1.44 | 0.36 | 1.30 | 1.28 | 1.10 |
| Inconnues et pertes........ | 0.93 | " | 1.40 | 0.15 | 0.79 |
| | 100.00 | 100.00 | 100.00 | 100.00 | 100.00 |
| (1) Total des matières azotées. | 9.58 | 12.34 | 10.30 | 10.73 | 9.08 |
| (2) Total des hydrates de carbone solubles......... | 2.81 | 3.45 | 3.34 | 3.66 | 3.22 |

COMPOSITION DE LA FARINE À 70 p. 100 D'EXTRACTION.

| DÉSIGNATION. | CHICOT. (Orne.) | RIZ. (Loire.Infér<sup>re</sup>.) | TACON. (Loire-Infér<sup>re</sup>.) | GRIS DE SAINT-LAUD ET BORDEAUX. (Maine-et-Loire.) | DE PAYS CHÂTEAUBRIANT. (Loire-Infér<sup>re</sup>.) |
| --- | --- | --- | --- | --- | --- |
| Eau....................... | 14.90 | 13.94 | 13.54 | 14.26 | 14.84 |
| Matières solubles dans l'eau. Glucose.......... | 0.22 | 0.25 | 0.40 | 0.22 | 0.35 |
| Matières solubles dans l'eau. Saccharose...... | 0.74 | 1.27 | 0.98 | 1.57 | 0.65 |
| Matières solubles dans l'eau. Matières azotées, diastases, etc... | 0.99 | 1.43 | 1.19 | 1.18 | 1.08 |
| Matières solubles dans l'eau. Galactine......... | 0.87 | 0.59 | 0.67 | 0.67 | 0.85 |
| Matières solubles dans l'eau. Matières minérales. | 0.26 | 0.32 | 0.42 | 0.34 | 0.35 |
| Matières solubles dans l'eau. Inconnues........ | " | " | " | " | 0.02 |
| TOTAL........... | 3.08 | 3.86 | 3.66 | 3.98 | 3.30 |
| Matières insolubles dans l'eau. Gluten........... | 7.40 | 9.89 | 8.22 | 7.48 | 7.10 |
| Matières insolubles dans l'eau. Amidon......... | 72.98 | 70.40 | 71.67 | 72.56 | 72.26 |
| Matières insolubles dans l'eau. Matières grasses.. | 0.95 | 1.02 | 0.86 | 1.03 | 1.01 |
| Matières insolubles dans l'eau. Matières minérales. | 0.21 | 0.27 | 0.22 | 0.19 | 0.27 |
| Matières insolubles dans l'eau. Cellules et débris. | 0.37 | 0.29 | 0.52 | 0.29 | 0.18 |
| TOTAL........... | 81.91 | 81.87 | 81.49 | 81.55 | 80.82 |
| TOTAL GÉNÉRAL........ | 99.89 | 99.67 | 98.69 | 99.79 | 98.96 |
| Inconnues et pertes........ | 0.11 | 0.33 | 1.31 | 0.21 | 1.04 |
| | 100.00 | 100.00 | 100.00 | 100.00 | 100.00 |

(1) Y compris les débris.

| DÉSIGNATION. | BLÉ | | | | |
|---|---|---|---|---|---|
| | CHICOT. (Orne.) | RIZ. (Loire-Infér.) | TACON. (Loire-Infér.) | GRIS DE SAINT-LAUD ET BORDEAUX. (Maine-et-Loire.) | DE PAYS CHÂTEAUBRIANT. (Loire-Infér.) |
| COMPOSITION DE LA FARINE À 70 P. 100 D'EXTRACTION. (*Suite.*) | | | | | |
| Composition du gluten. Gluténine..... | 22.72 | 32.47 | 28.09 | 19.84 | 33.33 |
| Gliadine...... | 77.28 | 67.53 | 71.91 | 80.16 | 66.67 |
| | 100.00 | 100.00 | 100.00 | 100.00 | 100.00 |
| $\frac{\text{Gluténine}}{\text{Gliadine}}$..... | $\frac{25}{85}$ | $\frac{25}{52}$ | $\frac{25}{64}$ | $\frac{25}{101}$ | $\frac{25}{50}$ |
| COMPOSITION DES BAS PRODUITS À 30 p. 100 DE REFUS. | | | | | |
| Eau.................... | 14.30 | 13.57 | 12.56 | 13.42 | 14.76 |
| Matières solubles azotées......... | 2.80 | 2.75 | 2.42 | 2.17 | 1.98 |
| hydrocarbonées... | 5.72 | 6.76 | 6.33 | 6.48 | 6.16 |
| minérales....... | 1.58 | 1.54 | 1.40 | 1.10 | 1.46 |
| Total.......... | 10.10 | 11.05 | 10.15 | 9.75 | 9.60 |
| Matières insolubles. Gluten......... | 3.80 | 4.71 | 3.68 | 3.39 | 1.58 |
| Amidon......... | 37.36 | 27.95 | 29.06 | 26.06 | 26.90 |
| Matières azotées ligneuses....... | 5.74 | 7.30 | 7.39 | 8.40 | 6.95 |
| Matières grasses... | 3.28 | 2.42 | 2.79 | 2.59 | 2.08 |
| Celluloses [1]..... | 31.86 | 30.32 | 30.24 | 33.52 | 36.10 |
| Matières minérales. | 2.08 | 2.14 | 2.82 | 1.70 | 0.75 |
| Total.......... | 74.12 | 74.84 | 75.98 | 75.66 | 74.36 |
| Total général....... | 98.52 | 99.46 | 98.69 | 98.83 | 98.72 |
| Inconnues et pertes........ | 1.48 | 0.54 | 1.31 | 1.17 | 1.28 |
| | 100.00 | 100.00 | 100.00 | 100.00 | 100.00 |

[1] Y compris les débris.

## BLÉS FRANÇAIS. — ANNÉE 1896. (*Suite.*)

### RÉGION DE L'OUEST.

1° *Départements du Calvados, Eure, Orne, Eure-et-Loir, Loir-et-Cher et Loiret.* — C'est encore à M. Garola, directeur de la Station agronomique de Chartres, que nous devons les échantillons de blé analysés, pour cette région, en 1896. Nous retrouvons encore pour cette année les variétés gris de Saint-Laud, Dattel et Chicot examinées précédemment, mais nous y voyons figurer en plus le blé de Bordeaux, dont cette partie de la France est le vrai centre de culture, et que nous n'avions pas pu nous procurer en 1895. Le rendement de ce blé est en moyenne de 30 quintaux à l'hectare, atteignant quelquefois jusqu'à 38 quintaux.

Si on compare les résultats obtenus en 1896 à ceux obtenus en 1895, on voit que si le poids moyen du grain s'est maintenu constant pour le blé gris de Saint-Laud, il a diminué pour les autres variétés Dattel et Chicot. La proportion d'albumen a diminué dans les trois cas tandis qu'au contraire la proportion d'humidité est restée sensiblement la même. Quant à la quantité de gluten, il est facile de se rendre compte par l'examen des tableaux ci-joints que, sauf en ce qui concerne le blé Chicot où elle reste stationnaire, cette quantité est en augmentation dans les deux cas et aboutit, pour la farine, à des proportions, 9.07 et 9.21 p. 100, qui ne sont pas négligeables. Mais c'est surtout le blé de Bordeaux qui se fait remarquer par ses qualités précieuses. Son hydratation n'est pas très élevée en effet, 13.45 p. 100; il contient 83 p. 100 d'albumen et sa richesse en gluten, 8.92 p. 100 pour le blé entier, 11.26 p. 100 pour la farine à 70, le classe au premier rang de tous les blés français, et le met, pour l'année 1896, à égalité avec certains blés russes que nous rencontrerons plus loin.

| DÉSIGNATION. | BLÉ | | | |
| --- | --- | --- | --- | --- |
| | GRIS DE SAINT-LAUD. (Eure-et-Loir.) | DATTEL. (Eure-et-Loir.) | CHICOT. (Orne.) | DE BORDEAUX. (Eure-et-Loir.) |
| COMPOSITION DES BLÉS ENTIERS. | | | | |
| Poids moyen d'un grain | 0.050 | 0.045 | 0.045 | 0.047 |
| Constitution du grain. Amande | 83.50 | 82.10 | 80.58 | 82.94 |
| Constitution du grain. Germe | 1.90 | 1.52 | 1.48 | 1.25 |
| Constitution du grain. Enveloppe | 14.60 | 16.38 | 17.94 | 15.81 |
| | 100.00 | 100.00 | 100.00 | 100.00 |
| Eau | 14.42 | 13.80 | 14.30 | 13.45 |
| Matières azotées (1). Gluten | 7.19 | 7.69 | 6.33 | 8.92 |
| Matières azotées (1). solubles, diastases, etc. | 1.47 | 1.45 | 1.63 | 1.88 |
| Matières azotées (1). ligneuses de l'enveloppe | 2.03 | 2.13 | 2.22 | 2.12 |
| Amidon | 58.19 | 57.39 | 57.85 | 56.84 |
| Matières grasses | 1.51 | 1.99 | 0.99 | 1.81 |
| Hydrates de carbone solubles (2). Sucre | 1.02 | 1.00 | 0.68 | 0.88 |
| Hydrates de carbone solubles (2). Galactine | 0.51 | 0.48 | 0.77 | 0.43 |
| Hydrates de carbone solubles (2). Autres de l'enveloppe | 1.91 | 1.91 | 1.92 | 1.79 |
| À reporter | 88.25 | 87.84 | 86.69 | 88.12 |
| (1) Total des matières azotées | 10.69 | 11.27 | 10.18 | 12.92 |
| (2) Total des hydrates de carbone solubles | 3.44 | 3.39 | 3.37 | 3.10 |

| DÉSIGNATION. | BLÉ | | | |
| --- | --- | --- | --- | --- |
| | GRIS DE SAINT-LAUD. (Eure-et-Loir.) | DATTEL. (Eure-et-Loir.) | CHICOT. (Orne.) | DE BORDEAUX. (Eure-et-Loir.) |
| **COMPOSITION DES BLÉS ENTIERS. (*Suite.*)** | | | | |
| Report.............. | 88.25 | 87.84 | 86.69 | 88.12 |
| Celluloses [1]............... | 9.31 | 9.68 | 11.31 | 9.56 |
| Matières minérales........... | 1.35 | 1.36 | 1.25 | 1.29 |
| Inconnues et pertes........... | 1.09 | 1.16 | 0.75 | 1.03 |
| | 100.00 | 100.00 | 100.00 | 100.00 |
| **COMPOSITION DE LA FARINE À 70 p. 100 D'EXTRACTION.** | | | | |
| Eau..................... | 14.16 | 13.79 | 14.50 | 13.60 |
| Matières solubles dans l'eau. — Glucose.......... | 0.50 | 0.34 | 0.26 | 0 32 |
| Saccharose......... | 1.09 | 1.09 | 0.71 | 0.94 |
| Matières azotées, diastases, etc......... | 1.12 | 0.95 | 0.99 | 1.33 |
| Galactine......... | 0.72 | 0.68 | 1.11 | 0.62 |
| Matières minérales.. | 0.38 | 0.30 | 0.15 | 0.25 |
| Inconnues......... | » | » | 0.13 | 0.01 |
| Total............... | 3.80 | 3.36 | 3.25 | 3.47 |
| Matières insolubles dans l'eau. — Gluten............ | 9.07 | 9.21 | 7.34 | 11.26 |
| Amidon............ | 70.49 | 71.08 | 73.02 | 69.07 |
| Matières grasses.... | 1.10 | 1.20 | 0.98 | 1.08 |
| Matières minérales.. | 0.26 | 0.20 | 0.26 | 0.29 |
| Cellules et débris... | 0.34 | 0.29 | 0.22 | 0.26 |
| Total............... | 81.26 | 81.98 | 81.82 | 81.96 |
| Total général............ | 99.22 | 99.13 | 99.67 | 99.03 |
| Inconnues et pertes........... | 0.78 | 0.87 | 0.33 | 0.97 |
| | 100.00 | 100.00 | 100.00 | 100.00 |
| Composition du gluten. — Gluténine........ | 33.78 | 31.64 | 31.25 | 29.41 |
| Gliadine......... | 66.22 | 68.36 | 68.75 | 70.59 |
| | 100.00 | 100.00 | 100.00 | 100.00 |
| $\dfrac{\text{Gluténine}}{\text{Gliadine}}$ | $\dfrac{25}{49}$ | $\dfrac{25}{54}$ | $\dfrac{25}{55}$ | $\dfrac{25}{60}$ |

[1] Y compris les débris.

| DÉSIGNATION. | BLÉ | | | |
| --- | --- | --- | --- | --- |
| | GRIS DE SAINT-LAUD. (Eure-et-Loir.) | DATTEL (Eure-et-Loir.) | CHICOT. (Orne.) | DE BORDEAUX. (Eure-et-Loir.) |
| COMPOSITION DES BAS PRODUITS À 30 P. 100 DE REFUS. | | | | |
| Eau | 13.87 | 13.78 | 13.84 | 13.10 |
| Matières solubles { azotées | 2.28 | 2.62 | 2.50 | 3.15 |
| hydrocarburées | 6.37 | 6.37 | 6.39 | 5.97 |
| minérales | 1.40 | 1.36 | 0.86 | 1.28 |
| TOTAL | 10.05 | 10.35 | 9.75 | 10.40 |
| Matières insolubles. { Gluten | 2.84 | 4.65 | 3.96 | 3.45 |
| Amidon | 29.50 | 24.26 | 22.45 | 28.30 |
| Matières azotées ligneuses | 6.76 | 7.10 | 7.40 | 7.08 |
| Matières grasses | 2.46 | 3.84 | 2.02 | 3.49 |
| Celluloses [1] | 31.04 | 32.27 | 37.70 | 31.28 |
| Matières minérales | 1.60 | 2.02 | 2.34 | 1.64 |
| TOTAL | 74.20 | 74.83 | 75.87 | 75.24 |
| TOTAL GÉNÉRAL | 98.12 | 98.96 | 99.76 | 98.74 |
| Inconnues et pertes | 1.88 | 1.04 | 0.24 | 1.26 |
| | 100.00 | 100.00 | 100.00 | 100.00 |

[1] Y compris les débris.

2° *Départements d'Ille-et-Vilaine, Mayenne, Sarthe, Loire-Inférieure, Maine-et-Loire, Vendée, Deux-Sèvres et Vienne.* — C'est M. Morain, professeur départemental d'agriculture de Maine-et-Loire, qui, comme l'année précédente, nous a réuni les échantillons de l'année 1896. Nous avons cette fois borné notre examen à quatre variétés seulement et nous ne retrouverons donc ici que le mélange rouge prime et Saint-Laud, le blé riz, le blé Tacon et le blé du pays de Châteaubriant.

La comparaison des tableaux de composition pour les années 1896 et 1895 conduit aux conclusions générales suivantes : 1° le poids moyen du grain est resté stationnaire pour le mélange rouge prime et Saint-Laud, il a diminué pour le blé riz et a augmenté dans les deux autres cas ; 2° pour le mélange rouge prime et Saint-Laud et le blé Tacon, la quantité d'amande farineuse n'a pas varié, mais elle a augmenté de plus de 2 p. 100 pour le blé de Châteaubriant, tandis qu'elle a diminué d'une quantité égale pour le blé riz ; 3° le degré d'hydratation est notablement plus faible en 1896 pour le mélange rouge prime et Saint-Laud, plus élevé au contraire pour le blé riz et le blé Tacon, plus faible pour le blé de Châteaubriant. Si maintenant on compare entre elles, pour 1896 et 1895, les quantités de gluten contenues dans la farine à 79 et dans le blé entier, on voit que pour le blé riz et le blé Tacon, ces quantités ont diminué, surtout dans ce dernier cas, tandis qu'elles ont augmenté dans les deux autres. Mais au point de vue industriel, c'est encore le blé riz qui tient la tête, suivi de très près, en 1896, par le mélange rouge prime et Saint-Laud et le blé de Châteaubriant.

| DÉSIGNATION. | BLÉ | | | |
|---|---|---|---|---|
| | ROUGE PRIME ET SAINT-LAUD (Maine-et-Loire). | RIZ (Loire-Inférieure). | TACON (Loire-Inférieure). | DE PAYS CHÂTEAUBRIANT (Loire-Inférieure). |
| **COMPOSITION DES BLÉS ENTIERS.** | | | | |
| Poids moyen d'un grain | 0.045 | 0.056 | 0.047 | 0.043 |
| Constitution du grain. Amande | 82.64 | 81.57 | 83.28 | 84.18 |
| Constitution du grain. Germe | 1.52 | 1.13 | 1.32 | 1.26 |
| Constitution du grain. Enveloppe | 15.84 | 17.30 | 15.40 | 14.56 |
| | 100.00 | 100.00 | 100.00 | 100.00 |
| Eau | 13.59 | 14.78 | 14.07 | 13.08 |
| Matières azotées (1). Gluten | 7.37 | 7.48 | 5.70 | 7.47 |
| Matières azotées (1). solubles, diastases, etc. | 1.72 | 1.36 | 1.51 | 1.69 |
| Matières azotées (1). ligneuses de l'enveloppe | 1.79 | 2.10 | 1.67 | 1.56 |
| Amidon | 57.99 | 55.92 | 60.23 | 59.77 |
| Matières grasses | 1.77 | 1.52 | 1.69 | 1.83 |
| Hydrates de carbone solubles (2). Sucre | 1.08 | 1.08 | 1.15 | 0.98 |
| Hydrates de carbone solubles (2). Galactine | 0.32 | 0.51 | 0.34 | 0.47 |
| Hydrates de carbone solubles (2). Autres de l'enveloppe. | 1.70 | 2.29 | 1.89 | 2.12 |
| Celluloses (1) | 10.16 | 10.23 | 9.72 | 8.97 |
| Matières minérales | 1.59 | 1.37 | 1.38 | 1.39 |
| Inconnues et pertes | 0.92 | 1.36 | 0.65 | 0.67 |
| | 100.00 | 100.00 | 100.00 | 100.00 |
| (1) Total des matières azotées | 10.88 | 10.94 | 8.88 | 10.72 |
| (2) Total des hydrates de carbone solubles | 3.10 | 3.88 | 3.38 | 3.57 |
| **COMPOSITION DE LA FARINE À 70 P. 100 D'EXTRACTION.** | | | | |
| Eau | 13.66 | 14.76 | 14.12 | 13.18 |
| Matières solubles dans l'eau. Glucose | 0.16 | 0.50 | 0.31 | 0.17 |
| Matières solubles dans l'eau. Saccharose | 1.01 | 1.04 | 1.34 | 1.23 |
| Matières solubles dans l'eau. Matières azotées, diastases, etc. | 1.24 | 1.19 | 1.08 | 1.30 |
| Matières solubles dans l'eau. Galactine | 0.46 | 0.74 | 0.49 | 0.67 |
| Matières solubles dans l'eau. Matières minérales | 0.28 | 0.34 | 0.30 | 0.28 |
| Matières solubles dans l'eau. Inconnues | 0.47 | 0.30 | 0.18 | 0.02 |
| TOTAL | 3.62 | 4.07 | 3.70 | 3.67 |

(1) Y compris les débris.

| DÉSIGNATION. | BLÉ | | | |
|---|---|---|---|---|
| | ROUGE PRIME ET SAINT-LAUD (Maine-et-Loire). | RIZ (Loire-Inférieure). | TACON (Loire-Inférieure). | DE PAYS CHÂTEAUBRIANT (Loire-Inférieure). |
| **COMPOSITION DE LA FARINE À 70 P. 100 D'EXTRACTION. (Suite.)** | | | | |
| Matières insolubles dans l'eau. — Gluten | 8.66 | 8.84 | 6.80 | 8.76 |
| Amidon | 71.67 | 69.76 | 73.43 | 72.50 |
| Matières grasses | 1.14 | 0.92 | 1.02 | 1.03 |
| Matières minérales | 0.37 | 0.28 | 0.32 | 0.22 |
| Cellules et débris | 0.30 | 0.27 | 0.20 | 0.18 |
| TOTAL | 80.14 | 80.07 | 81.77 | 82.69 |
| TOTAL GÉNÉRAL | 99.42 | 98.90 | 99.59 | 99.54 |
| Inconnues et pertes | 0.58 | 1.10 | 0.41 | 0.46 |
| | 100.00 | 100.00 | 100.00 | 100.00 |
| Composition du gluten. — Gluténine | 39.06 | 28.41 | 26.60 | 35.71 |
| Gliadine | 60.94 | 71.59 | 73.40 | 64.29 |
| | 100.00 | 100.00 | 100.00 | 100.00 |
| $\dfrac{\text{Gluténine}}{\text{Gliadine}}$ | $\dfrac{25}{39}$ | $\dfrac{25}{63}$ | $\dfrac{25}{69}$ | $\dfrac{25}{45}$ |
| **COMPOSITION DES BAS PRODUITS À 30 P. 100 DE REFUS.** | | | | |
| Eau | 13.44 | 14.39 | 13.97 | 12.85 |
| Matières solubles — azotées | 2.83 | 1.77 | 2.52 | 2.59 |
| hydrocarbonées | 5.67 | 7.64 | 6.30 | 7.06 |
| minérales | 1.30 | 1.24 | 1.28 | 1.50 |
| TOTAL | 9.80 | 10.85 | 9.70 | 11.15 |
| Matières insolubles. — Gluten | 4.36 | 4.29 | 3.12 | 4.47 |
| Amidon | 26.06 | 23.63 | 29.44 | 30.07 |
| Matières grasses azotées ligneuses | 5.97 | 7.00 | 5.58 | 5.19 |
| Matières grasses | 3.22 | 2.92 | 3.24 | 3.69 |
| Celluloses [1] | 33.18 | 34.11 | 31.92 | 29.46 |
| Matières minérales | 2.37 | 1.89 | 1.79 | 1.86 |
| TOTAL | 75.16 | 73.84 | 75.09 | 74.74 |
| TOTAL GÉNÉRAL | 98.40 | 99.08 | 98.76 | 98.74 |
| Inconnues et pertes | 1.60 | 0.92 | 1.24 | 1.26 |
| | 100.00 | 100.00 | 100.00 | 100.00 |

[1] Y compris les débris.

## BLÉS FRANÇAIS. — ANNÉE 1895. (*Suite.*)

### RÉGION DU SUD-OUEST.

Dans cette région représentée par les départements de la Charente, de la Charente-Inférieure, de la Gironde et de la Dordogne, la production varie de 1,900,000 quintaux pour la Charente-Inférieure, à 1,550,000 quintaux pour la Charente et la Dordogne, et s'abaisse à 950,000 environ pour le département de la Gironde.

C'est M. Vassillière, professeur départemental d'agriculture de la Gironde, qui a bien voulu se mettre à notre disposition pour nous procurer les échantillons des blés cultivés dans cette région.

Ces blés sont représentés par des variétés barbues et non barbues, cultivées de temps immémorial dans le pays, à grains rouges et blancs, et n'ayant pas de dénomination spéciale. La culture tend à les remplacer de plus en plus par la variété dite *blé de Bordeaux*, qui d'ailleurs est originaire de cette région, ainsi que nous l'avons dit précédemment. Ce sont surtout les variétés anciennes que nous avons examinées et parmi elles les plus répandues : un blé blanc et un blé roux de la Charente-Inférieure, un blé blanc non barbu de la Gironde. Ces trois variétés ont un poids moyen semblable, la proportion d'amande farineuse n'est sensiblement supérieure que dans le blé blanc de la Charente-Inférieure. Le degré d'humidité est très bas dans le blé blanc non barbu de la Gironde; aussi la quantité de gluten, 7.67 pour le grain entier, 9.69 pour la farine à 70 p. 100 est-elle notablement supérieure à celle des deux variétés qui cependant en contiennent des proportions plus grandes qu'un grand nombre de blés des autres régions.

| DÉSIGNATION. | BLÉ | | |
|---|---|---|---|
| | BLANC de la Charente-Infér^re. | ROUX de la Charente-Infér^re. | BLANC non barbu (Gironde). |
| **COMPOSITION DES BLÉS ENTIERS.** | | | |
| Poids moyen d'un grain..................... | 0.051 | 0.051 | 0.050 |
| Constitution du grain. { Amande................ | 83.67 | 81.67 | 82.58 |
| Germe................ | 1.26 | 0.84 | 1.11 |
| Enveloppe............ | 15.07 | 17.49 | 16.31 |
| | 100.00 | 100.00 | 100.00 |

| DÉSIGNATION. | BLÉ | | |
|---|---|---|---|
| | BLANC de la Charente-Infér<sup>re</sup>. | ROUX de la Charente-Infér<sup>re</sup>. | BLANC non barbu (Gironde). |

**COMPOSITION DES BLÉS ENTIERS.** (*Suite.*)

| DÉSIGNATION. | BLANC de la Charente-Inf. | ROUX de la Charente-Inf. | BLANC non barbu (Gironde). |
|---|---|---|---|
| Eau | 14.56 | 14.97 | 12.14 |
| Matières azotées (1). — Gluten | 6.76 | 6.53 | 7.67 |
| Matières azotées (1). — solubles, diastases, etc. | 1.33 | 1.77 | 1.50 |
| Matières azotées (1). — ligneuses de l'enveloppe | 1.84 | 2.97 | 2.30 |
| Amidon | 58.28 | 57.97 | 59.40 |
| Matières grasses | 1.61 | 1.43 | 1.52 |
| Hydrates de carbone solubles (2). — Sucre | 1.32 | 0.82 | 1.04 |
| Hydrates de carbone solubles (2). — Galactine | 0.46 | 0.41 | 0.52 |
| Hydrates de carbone solubles (2). — Autres de l'enveloppe | 2.11 | 1.67 | 1.44 |
| Celluloses (1) | 9.99 | 9.95 | 10.22 |
| Matières minérales | 1.49 | 1.49 | 1.44 |
| Inconnues et pertes | 0.25 | 0.02 | 0.85 |
| | 100.00 | 100.00 | 100.00 |
| (1) Total des matières azotées | 9.93 | 11.27 | 11.47 |
| (2) Total des hydrates de carbone solubles | 3.89 | 2.90 | 3.60 |

**COMPOSITION DE LA FARINE À 70 P. 100 D'EXTRACTION.**

| DÉSIGNATION. | BLANC de la Charente-Inf. | ROUX de la Charente-Inf. | BLANC non barbu (Gironde). |
|---|---|---|---|
| Eau | 14.66 | 15.06 | 12.24 |
| Matières solubles dans l'eau. — Glucose | 0.37 | 0.30 | 0.39 |
| Matières solubles dans l'eau. — Saccharose | 1.52 | 0.87 | 1.09 |
| Matières solubles dans l'eau. — Matières azotées, diastases, etc. | 1.93 | 1.20 | 1.23 |
| Matières solubles dans l'eau. — Galactine | 0.66 | 0.58 | 0.74 |
| Matières solubles dans l'eau. — Matières minérales | 0.39 | 0.58 | 0.38 |
| Matières solubles dans l'eau. — Inconnues | " | " | " |
| Total | 3.97 | 3.53 | 3.83 |
| Matières insolubles dans l'eau. — Gluten | 8.31 | 7.98 | 9.69 |
| Matières insolubles dans l'eau. — Amidon | 70.96 | 71.82 | 72.29 |
| Matières insolubles dans l'eau. — Matières grasses | 1.04 | 0.93 | 0.90 |
| Matières insolubles dans l'eau. — Matières minérales | 0.24 | 0.17 | 0.32 |
| Matières insolubles dans l'eau. — Cellules et débris | 0.30 | 0.15 | 0.38 |
| Total | 80.85 | 81.05 | 83.58 |
| Total général | 99.48 | 99.64 | 99.65 |
| Inconnues et pertes | 0.52 | 0.36 | 0.35 |
| | 100.00 | 100.00 | 100.00 |

(1) Y compris les débris.

COMPOSITION DE LA FARINE À 70 P. 100 D'EXTRACTION. (*Suite.*)

| DÉSIGNATION. | BLÉ — BLANC de la Charente-Infér<sup>re</sup>. | BLÉ — ROUX de la Charente-Infér<sup>re</sup>. | BLÉ — BLANC non barbu (Gironde). |
|---|---|---|---|
| Composition du gluten. — Gluténine | 26.31 | 30.12 | 38.46 |
| Gliadine | 73.69 | 69.88 | 61.54 |
| | 100.00 | 100.00 | 100.00 |
| $\dfrac{\text{Gluténine}}{\text{Gliadine}}$ | $\dfrac{25}{70}$ | $\dfrac{25}{58}$ | $\dfrac{25}{40}$ |

COMPOSITION DES BAS PRODUITS À 30 P. 100 DE REFUS.

| DÉSIGNATION. | BLANC Charente-Infér. | ROUX Charente-Infér. | BLANC Gironde |
|---|---|---|---|
| Eau | 14.26 | 14.75 | 11.78 |
| Matières solubles — azotées | 2.03 | 2.00 | 2.19 |
| hydrocarbonées | 7.05 | 5.58 | 4.80 |
| minérales | 1.76 | 1.52 | 1.46 |
| Total | 10.84 | 9.10 | 8.45 |
| Matières insolubles. — Gluten | 3.15 | 3.15 | 2.96 |
| Amidon | 28.71 | 25.72 | 29.32 |
| Matières azotées ligneuses | 6.13 | 9.94 | 7.68 |
| Matières grasses | 2.92 | 2.64 | 2.97 |
| Celluloses [1] | 32.31 | 33.38 | 54.05 |
| Matières minérales | 1.29 | 1.76 | 1.57 |
| Total | 74.51 | 75.59 | 78.55 |
| Total général | 99.61 | 99.44 | 98.78 |
| Inconnues et pertes | 0.39 | 0.56 | 1.22 |
| | 100.00 | 100.00 | 100.00 |

[1] Y compris les débris.

# BLÉS FRANÇAIS. — ANNÉE 1896.

## RÉGION DU SUD-OUEST.

C'est encore à M. Vassillière que nous devons les deux échantillons de blé blanc et de blé roux de la Charente-Inférieure que nous avons analysés en 1896.

En 1896, le poids moyen du grain a été, dans les deux cas, plus faible qu'en 1895 ; il en est de même du degré d'hydratation, ce qui augmente, dans de notables proportions, la valeur du blé. Ainsi qu'en 1895, c'est le blé blanc de la Charente-Inférieure qui présente les qualités les meilleures, comme on pourra le voir en comparant entre elles les quantités de gluten contenues dans le grain entier, dans la farine à 70 p. 100 et dans les bas produits.

| DÉSIGNATION. | BLÉ | |
| --- | --- | --- |
| | BLANC de LA CHARENTE-INFÉRIEURE. | ROUGE de LA CHARENTE-INFÉRIEURE. |
| **COMPOSITION DES BLÉS ENTIERS.** | | |
| Poids moyen d'un grain | 0.046 | 0.044 |
| Constitution du grain. — Amande | 84.25 | 82.22 |
| Germe | 1.39 | 1.20 |
| Enveloppe | 14.36 | 16.58 |
| | 100.00 | 100.00 |
| Eau | 12.94 | 13.32 |
| Matières azotées (1). — Gluten | 6.99 | 6.57 |
| solubles, diastases, etc. | 1.54 | 1.38 |
| ligneuses de l'enveloppe | 1.61 | 2.33 |
| Amidon | 60.16 | 60.41 |
| Matières grasses | 1.17 | 1.46 |
| Hydrates de carbone solubles (2). — Sucre | 0.97 | 1.41 |
| Galactine | 0.43 | 0.67 |
| Autres de l'enveloppe | 1.66 | 1.97 |
| Celluloses (1) | 10.38 | 9.18 |
| Matières minérales | 0.85 | 1.12 |
| Inconnues et pertes | 1.30 | 0.18 |
| | 100.00 | 100.00 |
| (1) TOTAL des matières azotées | 10.14 | 10.28 |
| (2) TOTAL des hydrates de carbone solubles | 3.06 | 4.05 |
| **COMPOSITION DE LA FARINE À 70 P. 100 D'EXTRACTION.** | | |
| Eau | 12.98 | 13.10 |
| Matières solubles dans l'eau. — Glucose | 0.51 | 0.47 |
| Saccharose | 0.88 | 1.54 |
| Matières azotées, diastases, etc. | 1.25 | 1.06 |
| Galactine | 0.62 | 0.96 |
| Matières minérales | 0.31 | 0.35 |
| Inconnues | 0.09 | " |
| | 3.66 | 4.38 |

(1) Y compris les débris.

| DÉSIGNATION. | BLÉ | |
|---|---|---|
| | BLANC de LA CHARENTE-INFÉRIEURE. | ROUGE de LA CHARENTE-INFÉRIEURE. |

**COMPOSITION DE LA FARINE À 70 P. 100 D'EXTRACTION. (Suite.)**

| DÉSIGNATION. | BLANC | ROUGE |
|---|---|---|
| Matières insolubles dans l'eau. — Gluten | 7.56 | 8.36 |
| Amidon | 73.25 | 72.23 |
| Matières grasses | 1.09 | 1.11 |
| Matières minérales | 0.23 | 0.25 |
| Cellules et débris | 0.25 | 0.30 |
| Total | 82.38 | 82.25 |
| Total général | 99.02 | 99.79 |
| Inconnues et pertes | 0.98 | 0.21 |
| | 100.00 | 100.00 |
| Composition du gluten. — Gluténine | 24.51 | 33.33 |
| Gliadine | 75.49 | 66.67 |
| | 100.00 | 100.00 |
| Gluténine | 25 | 25 |
| Gliadine | 77 | 50 |

**COMPOSITION DES BAS PRODUITS À 30 P. 100 DE REFUS.**

| DÉSIGNATION. | BLANC | ROUGE |
|---|---|---|
| Eau | 12.85 | 12.57 |
| Matières solubles — azotées | 2.19 | 2.12 |
| hydrocarbonées | 5.52 | 6.56 |
| minérales | 1.04 | 0.32 |
| Total | 8.75 | 9.00 |
| Matières insolubles. — Gluten | 5.65 | 2.40 |
| Amidon | 29.60 | 32.85 |
| Matières azotées ligneuses | 5.36 | 7.78 |
| Matières grasses | 1.38 | 2.26 |
| Celluloses [1] | 33.97 | 29.89 |
| Matières minérales | 0.44 | 1.92 |
| Total | 76.40 | 77.10 |
| Total général | 98.00 | 98.67 |
| Inconnues et pertes | 2.00 | 1.33 |
| | 100.00 | 100.00 |

[1] Y compris les débris.

## III

### ANALYSE DES PRINCIPAUX BLÉS TENDRES OFFERTS À LA MEUNERIE FRANÇAISE PAR L'AGRICULTURE ET LE COMMERCE ÉTRANGERS.

Au début de cette étude, nous avons dit que, pendant les quatre années de 1892 à 1895, la quantité moyenne de blé importée en France, exportations déduites, était de 5,597,000 quintaux, soit 6.445 p. 100 de la production nationale. A cette importation concourt naturellement, d'une part, notre colonie d'Algérie, d'autre part, plusieurs puissances étrangères. Si on consulte, par exemple, les statistiques de l'année 1895, on trouve, au Commerce spécial, et pour le blé seulement, que 4,507,304 quintaux ont acquitté les droits de douane. A cette quantité, il faut ajouter 348,275 quintaux de farine, qui, au taux moyen de 70 p. 100 d'extraction correspondent à 497,535 quintaux de blé, soit 500,000 quintaux en nombre rond.

Nous n'insistons pas actuellement sur l'origine de ces farines, mais en ce qui concerne le blé, le tableau des importations montre que les puissances qui contribuent pour la plus grande partie à notre approvisionnement sont les suivantes (1895) :

| | |
|---|---:|
| Russie | 2,022,794 quintaux [1]. |
| Roumanie | 166,650 |
| Turquie | 84,983 |
| Indes anglaises | 60,821 |
| Australie | 41,286 |
| États-Unis... { Océan Atlantique | 147,962 |
| { Océan Pacifique | 34,772 |
| République Argentine | 137,657 |
| Algérie | 1,129,446 |
| Tunisie | 609,829 |

Dans ces chiffres, bien entendu, ne sont pas compris les blés admis en France au bénéfice de l'admission temporaire, et sur lesquels nous n'insistons pas pour le moment, nous réservant de revenir plus tard sur ce chapitre.

On le voit, la Russie fournit, à elle seule, près de la moitié de notre blé d'importation ; après elle vient notre colonie d'Algérie, puis la Tunisie. Mais nous n'avons pas à nous occuper, dans ce travail, des importations tunisiennes qui sont faites pour la plus grande partie en blés durs et métadins ayant, comme on le sait, une destination toute différente de celle des blés tendres.

Parmi les autres puissances, il y en a deux que nous avons dû négliger également, parce qu'il nous a été impossible de nous procurer, chez elles, des échantillons authentiques : c'est d'une part la Turquie, d'autre part la République Argentine.

Pour toutes les autres nations nous avons trouvé, comme nous aurons soin de le dire plus loin, soit auprès des pouvoirs publics, soit auprès des représentants autorisés, un accueil bienveillant et un concours sans lequel nous n'aurions pu mener à bien l'œuvre entreprise. Aussi sommes-nous heureux d'adresser à tous ceux qui ont bien voulu répondre à notre appel l'expression de nos remerciements les plus sincères.

[1] Par suite de l'abondance des récoltes de blé faites en France, le chiffre des importations russes s'est notablement abaissé pendant ces deux dernières années. En général, les blés algériens et tunisiens, ainsi que ceux introduits au bénéfice de l'admission temporaire, ont suffi à la grande partie des besoins de la meunerie française. Mais comme nous allons assigner à ces blés des qualités supérieures à celles des blés français, cela ne change rien aux observations qui vont suivre.

MM. Girard et Fleurent. 5

BLÉS DE RUSSIE.

C'est à S. E. M. Yermoloff, Ministre de l'agriculture et des domaines de Russie, membre de la Société nationale d'agriculture de France, que nous devons les échantillons de blé que nous avons soumis à l'analyse ainsi que les renseignements généraux relatifs à la culture et à la production de ces blés.

L'exportation russe se fait presque entièrement par la mer Noire et les ports principaux d'expédition sont : Nicolaïew, Sébastopol, Odessa, Marianapoli, Berdianska, Eupatoria, Ismaïl, Kertch, Novorossisk, Taganrog, Théodosie, Thémering, Yeneski.

Les variétés de blés tendres qui arrivent en France sont assez nombreuses et vingt d'entre elles sont parvenues à notre laboratoire; toutes sont caractérisées par la petitesse de leur grain, dont la couleur est rouge le plus souvent, jaune quelquefois, et dont la cassure cornée est caractéristique de qualités spéciales. Mais nous avons, bien entendu, borné notre examen aux seules variétés estimées par la meunerie française et qu'a bien voulu nous signaler M. Moulin, président du Syndicat des minotiers et semouliers de Marseille, port qui est, dans notre pays, le marché principal de ces blés. C'est donc aux huit échantillons suivants que nous avons limité notre étude : Gkirka d'Odessa, Gkirka d'Alexandrewsk, blé d'hiver d'Odessa, Ulka du Dniéper (Parlograd), Ulka de Kherson, blé rouge de Bessarabie, blé de Pologne première qualité, Sandomirka de Pologne.

Voici les renseignements généraux que nous avons pu recueillir sur ces blés.

Les blés désignés sous le nom de *Gkirkas* prennent le plus souvent en France le nom d'*Irkas*.

Le Gkirka d'Odessa et d'Alexandrewsk, ainsi que l'Ulka de Kherson et du Dniéper sont des blés de printemps et appartiennent tous les quatre à la variété *Triticum vulgare*, var. *Miltorum* Alex. Leur prototype est le Gkirka du Dniéper, exporté du port d'Odessa sous le nom de *Gkirka d'Odessa* et celui de Nikolaïew, sous le nom de *Gkirka de Nicolaïew* ou de *Nikopol*. L'Ulka de Kherson et du Dniéper est un seul et même blé connu présentement dans tout le midi de la Russie et cultivé en maints endroits; il est expédié indifféremment d'Odessa et de Nikolaïew sous le nom d'*Ulka*. Cette espèce ne s'est propagée que dernièrement dans la culture, et d'après les données recueillies sur place elle a été produite (de semences achetées à Nikolaïew) dans une des colonies allemandes du gouvernement de Kherson. Les bons rendements de cette variété de blé ont bientôt attiré l'attention des cultivateurs et elle se propagea très vite quand elle fut volontiers achetée et cotée à la Bourse. On lui impute pourtant un défaut, celui d'être sujette aux maladies d'infection, surtout à la nielle.

Le blé de printemps, connu en général sous le nom de *Gkirka*, est cultivé partout en Russie; ses différentes variétés portent des dénominations locales. Le rayon de sa culture atteint 53° de latitude Nord et s'étend vers l'Est jusqu'au bord du Volga; au delà de ce fleuve, il ne se rencontre que rarement, et au delà de l'Oural on ne le trouve presque plus.

En général le blé Gkirka donne de bons rendements et n'exige pour cela ni terrain vierge, ni terrain bien engraissé, mais il perd facilement le grain et verse s'il reste trop longtemps sur tige. Le meilleur grain de cette espèce provient des gouvernements de Saratow et Voronièje, du territoire des Cosaques du Don et des gouvernements dits *de la Nouvelle Russie* (Kherson, Ekatérinoslaw, Bessarabie et Tauride). Le grain est petit, pesant en moyenne 22 à 25 milligrammes, mais il est dur, corné, semi-translucide, à cassure coquilleuse; la farine qu'on en obtient est très estimée en Russie pour la confection des pains de choix et de fantaisie à croûte dorée.

Le blé d'hiver d'Odessa, le blé de Pologne et le blé rouge de Bessarabie sont des blés d'hiver appartenant à la variété *Triticum vulgare*, var. *ferrugineum* Alex. Le proto-type de ce blé est connu en Russie sous le nom de *froment rouge barbu* qui se ren-contre à l'état de blé d'hiver et de blé de printemps. Les variétés de ce froment se propagent au plus loin vers le Nord, ainsi que vers le Nord-Est; on les rencontre au delà de l'Oural. Au sud de la Russie, on distingue le blé rouge barbu d'hiver *Donka* (du Don), répandu principalement au sud-est, et le blé rouge d'hiver *Ukrainska*, répandu au sud-ouest du Dniéper. C'est à cette dernière variété que correspondent les trois variétés analysées par nous. Elles sont cultivées principalement dans les gouver-nements de Kiew, de Podolie, de Wolkynie et de Bessarabie, ainsi que dans le royaume de Pologne. L'ensemencement s'opère généralement sur jachère, les champs ayant été fraîchement engraissés avec du fumier d'étable. Dans les meilleures cultures l'ense-mencement se pratique en lignes.

Ce froment supporte très bien les froids de l'hiver, il est plus rustique que celui de Hongrie; dans les années très favorables le rendement s'en élève à 30 quintaux à l'hectare; cultivé conjointement avec la betterave à sucre, le rendement moyen est de 15 quintaux à l'hectare.

Ce froment rouge barbu de l'Ukraine est le prototype du blé rouge d'Amérique si bien connu dans les marchés à grains du monde entier. Son grain est moins dur, plus friable que celui de la variété Gkirka; il a l'enveloppe plus épaisse et rend moins de farine, mais il supporte mieux la mouture aux cylindres. En Russie la farine qu'on en obtient est utilisée à la confection des pains ordinaires à croûte pâle désignés sous le nom général de *kalatchs*.

Le blé Sandomirka de Pologne est un blé d'hiver appartenant à la variété *Triticum vulgare alborubrum* Rche. Son grain est blanc, assez dur et brillant et il est très apprécié des meuniers russes, mais il l'est bien moins par les meuniers français. La culture en est concentrée dans la Russie occidentale; à l'est il ne se propage pas et on ne le rencontre guère au delà du Don. Transporté dans les provinces de l'est, le grain de ce blé perd son extérieur blanc et brillant, commence à rougir, mais sa texture de-vient encore plus cornée.

Quant à la phylogenèse de toutes les variétés mentionnées ci-dessus elle est aussi peu connue que celle des blés locaux de l'Europe occidentale. On peut seulement dire avec certitude que le groupe des blés rouges barbus (*Triticum vulgare ferrugineum*) est ou de provenance russe ou d'importation non d'Europe, mais d'Asie.

Au contraire, il est très possible que les Gkirkas rouges de Russie (*Triticum vulgare miltorum*) soient de provenance européenne, mais c'est dans le pays qu'ils ont acquis leurs hautes et précieuses qualités de froment des steppes.

La variété Sandomirka (*Triticum vulgare alborubrum*) et d'autres espèces européennes analogues peuvent être considérées comme provenant du bassin occidental de la Médi-terranée, d'où elles se sont réparties dans l'ouest de l'Europe et en Pologne.

Nous donnons ci-après les résultats des analyses de ces variétés de blé si impor-tantes, pour les années 1895 et 1896.

5.

## BLÉS ÉTRANGERS. — ANNÉE 1895.

### BLÉS RUSSES.

On trouvera dans ces tableaux et ceux qui suivent les analyses comparatives exécutées sur les quatre variétés de blé de printemps, dites *Ghirka d'Odessa*, *Ghirka d'Alexandrewsk*, *Ulka du Dniéper*, et *Ulka de Kherson*. Ainsi qu'on le voit, le poids moyen de leur grain varie de 0,021, qui est le plus faible, pour le Ghirka d'Alexandrewsk, à 0,029, qui est le plus élevé, pour l'Ulka de Kherson. La proportion d'enveloppes est sensiblement la même dans tous ces blés; seul, l'Ulka du Dniéper en contient une quantité un peu plus élevée de moins de 1 p. 100, ce qui diminue d'autant la proportion d'amande farineuse dont la moyenne est d'environ 82.5 p. 100 pour ces quatre variétés. Quant à la proportion d'humidité, elle est constante pour tous ces blés, se tenant à 12 p. 100 environ, sauf pour le blé Ghirka d'Alexandrewsk où elle n'est que de 11.90 p. 100.

Mais c'est la valeur industrielle de ces blés qui est surtout remarquable, ainsi qu'on peut s'en rendre compte en examinant aussi bien le tableau de la composition du grain entier que ceux de la composition de la farine à 70 p. 100 d'extraction, et des bas produits à 30 p. 100 de refus.

C'est en effet aux chiffres 10.46, 10.24, 9.78, 9.99 que se fixe la proportion centésimale du gluten pour le blé entier; à 12.18, 12.40, 11.82, 12.66 que s'élève la proportion du même élément pour la farine à 70 p. 100. C'est donc une richesse moyenne en gluten de 10.12 p. 100 pour le grain entier, 12.02 pour 100 pour la farine.

Quant aux bas produits, la quantité de gluten qu'ils contiennent et qui est en moyenne de 5.70 p. 100 parle assez haut par elle-même pour qu'il soit utile d'y insister.

| DÉSIGNATION. | BLÉ | | | |
|---|---|---|---|---|
| | GUIRKA<br>D'ODESSA. | GUIRKA<br>D'ALEXANDREWSK. | D'HIVER<br>D'ODESSA. | ULKA<br>DU DNIÉPER<br>(Parlograd.). |
| **COMPOSITION DES BLÉS ENTIERS.** | | | | |
| Poids moyen d'un grain......... | 0.022 | 0.021 | 0.026 | 0.023 |
| Constitution du grain. { Amande.......... | 82.56 | 82.83 | 82.77 | 81.81 |
| Germe.......... | 1.92 | 1.75 | 1.59 | 1.82 |
| Enveloppe........ | 15.52 | 15.42 | 15.64 | 16.37 |
| | 100.00 | 100.00 | 100.00 | 100.00 |

| DÉSIGNATION. | BLÉ | | | |
| --- | --- | --- | --- | --- |
| | GHIRKA D'ODESSA. | GHIRKA D'ALEXANDREWSK. | D'HIVER D'ODESSA. | ULKA DU DNIÉPER (Parlograd.) |
| **COMPOSITION DES BLÉS ENTIERS.** (*Suite.*) | | | | |
| Eau | 12.50 | 11.90 | 12.44 | 12.14 |
| Matières azotées (1). Gluten | 10.46 | 10.24 | 9.72 | 9.78 |
| Matières azotées (1). solubles, diastases, etc. | 1.88 | 1.97 | 1.91 | 2.03 |
| Matières azotées (1). ligneuses de l'enveloppe | 1.87 | 2.23 | 1.81 | 2.07 |
| Amidon | 55.09 | 55.93 | 55.31 | 55.45 |
| Matières grasses | 1.89 | 1.77 | 1.83 | 1.96 |
| Hydrates de carbone solubles (2). Sucre | 1.64 | 1.20 | 1.74 | 1.46 |
| Hydrates de carbone solubles (2). Galactine | 0.64 | 0.68 | 0.52 | 0.43 |
| Hydrates de carbone solubles (2). Autres de l'enveloppe | 2.14 | 2.02 | 2.03 | 1.88 |
| Celluloses (1) | 9.99 | 9.18 | 10.60 | 10.56 |
| Matières minérales | 1.74 | 1.66 | 1.50 | 1.53 |
| Inconnues et pertes | 0.16 | 0.64 | 0.59 | 0.71 |
| | 100.00 | 100.00 | 100.00 | 100.00 |
| (1) Total des matières azotées | 14.21 | 14.44 | 13.44 | 13.88 |
| (2) Total des hydrates de carbone solubles | 4.42 | 3.90 | 4.29 | 3.77 |
| **COMPOSITION DE LA FARINE À 70 P. 100 D'EXTRACTION.** | | | | |
| Eau | 12.66 | 11.80 | 12.64 | 12.18 |
| Matières solubles dans l'eau. Glucose | 0.24 | 0.46 | 0.36 | 0.56 |
| Matières solubles dans l'eau. Saccharose | 2.10 | 1.26 | 2.12 | 1.52 |
| Matières solubles dans l'eau. Matières azotées, diastases, etc. | 1.26 | 1.51 | 1.30 | 1.70 |
| Matières solubles dans l'eau. Galactine | 0.92 | 0.97 | 0.75 | 0.62 |
| Matières solubles dans l'eau. Matières minérales | 0.25 | 0.45 | 0.31 | 0.43 |
| Matières solubles dans l'eau. Inconnues | " | 0.15 | 0.11 | " |
| Total | 4.77 | 4.80 | 4.95 | 4.83 |
| Matières insolubles dans l'eau. Gluten | 12.18 | 12.40 | 11.32 | 11.82 |
| Matières insolubles dans l'eau. Amidon | 68.10 | 67.95 | 68.08 | 68.89 |
| Matières insolubles dans l'eau. Matières grasses | 1.18 | 1.22 | 1.18 | 1.25 |
| Matières insolubles dans l'eau. Matières minérales | 0.38 | 0.28 | 0.29 | 0.25 |
| Matières insolubles dans l'eau. Cellules et débris | 0.56 | 0.75 | 0.56 | 0.65 |
| Total | 82.40 | 82.60 | 81.43 | 82.86 |
| Total général | 99.83 | 99.20 | 99.02 | 99.87 |
| Inconnues et pertes | 0.17 | 0.80 | 0.98 | 0.13 |
| | 100.00 | 100.00 | 100.00 | 100.00 |

(1) Y compris les débris.

| DÉSIGNATION. | BLÉ | | | |
| --- | --- | --- | --- | --- |
| | GHIRKA D'ODESSA. | GHIRKA D'ALEXANDREWSK. | D'HIVER D'ODESSA. | ULKA DU DNIÉPER (Parlograd). |
| **COMPOSITION DE LA FARINE À 70 P. 100 D'EXTRACTION.** (*Suite.*) | | | | |
| Composition du gluten. — Gluténine | 29.07 | 33.33 | 29.07 | 31.25 |
| Gliadine | 70.93 | 66.67 | 70.93 | 68.75 |
| | 100.00 | 100.00 | 100.00 | 100.00 |
| $\frac{\text{Gluténine}}{\text{Gliadine}}$ | $\frac{25}{61}$ | $\frac{25}{50}$ | $\frac{25}{61}$ | $\frac{25}{55}$ |
| **COMPOSITION DES BAS PRODUITS À 30 P. 100 DE REFUS.** | | | | |
| Eau | 12.18 | 11.93 | 12.31 | 11.82 |
| Matières solubles — azotées | 3.34 | 3.02 | 3.34 | 2.80 |
| hydrocarbonées | 7.12 | 6.72 | 6.76 | 6.26 |
| minérales | 1.84 | 1.56 | 1.40 | 1.14 |
| Total | 12.30 | 11.30 | 11.50 | 10.20 |
| Matières insolubles — Gluten | 6.45 | 5.20 | 5.99 | 5.05 |
| Amidon | 24.73 | 27.88 | 25.55 | 24.10 |
| Matières azotées ligneuses | 6.28 | 7.43 | 6.02 | 6.90 |
| Matières grasses | 3.52 | 3.07 | 3.36 | 3.62 |
| Celluloses [1] | 32.00 | 30.59 | 32.18 | 35.21 |
| Matières minérales | 2.49 | 2.26 | 2.20 | 2.37 |
| Total | 75.47 | 76.38 | 75.30 | 77.25 |
| Total général | 99.95 | 99.61 | 99.11 | 99.27 |
| Inconnues et pertes | 0.05 | 0.39 | 0.89 | 0.73 |
| | 100.00 | 100.00 | 100.00 | 100.00 |

[1] Y compris les débris.

Dans les tableaux qui précèdent et les tableaux ci-joints, on trouvera, pour l'année 1895, les analyses comparatives des blés de la deuxième série : d'une part, les blés d'hiver appartenant à la variété rouge d'hiver Ukrainska, et qui sont désignés sous le nom de *blé d'hiver d'Odessa*, *blé rouge de Bessarabie*, *blé de Pologne*; d'autre part, l'analyse de la variété connue sous le nom de *Sandomirka de Pologne*.

Les blés d'hiver ont un grain de grosseur plus élevée que les Ghirkas, puisque le poids moyen de ce grain varie de 0,026 à 0,035, mais la proportion d'enveloppe et d'amande farineuse est sensiblement la même dans les uns et les autres, oscillant autour de 15.60 et de 82.70; il en est de même du degré d'hydratation.

Si, au point de vue de la valeur industrielle, on fait la comparaison entre les blés Ghirkas et Ulkas d'une part et les blés d'hiver, on s'aperçoit que cette valeur est sensiblement la même pour les uns et les autres. C'est encore en effet à une moyenne de 10.27, 12.05 et 6.12 que se fixent, pour ces derniers, les pourcentages du gluten contenus dans le blé entier, dans la farine à 70 p. 100 et les bas produits. On voit que les chiffres correspondants pour les blés Ghirkas et Ulkas sont 10.12, 12.02 et 5.70 p. 100. Ce dernier chiffre est donc seul sensiblement plus faible.

La variété Sandomirka présente, au contraire, une notable différence de composition avec les variétés précédentes. A la vérité, si la grosseur du grain en est la même ainsi que le degré d'humidité, la proportion d'albumen en est un peu supérieure, mais les quantités de gluten qui se fixent à 8.71, 9.90 et 5.85 p. 100 pour le grain entier, la farine et les bas produits, montrent que, tout en possédant une valeur industrielle assez grande encore, plus élevée que celle de presque tous nos blés français, cette valeur est cependant moindre que celles des blés Ghirkas, Ulkas et d'hiver expédiés de Russie.

| DÉSIGNATION. | BLÉ | | | |
| --- | --- | --- | --- | --- |
| | ULKA de KHERSON. | ROUGE de BESSARABIE. | DE POLOGNE (1re qualité). | SANDOMIRKA de POLOGNE. |
| COMPOSITION DES BLÉS ENTIERS. | | | | |
| Poids moyen d'un grain......... | 0.029 | 0.033 | 0.035 | 0.026 |
| Constitution du grain. Amande......... | 83.14 | 82.49 | 83.41 | 84.18 |
| Constitution du grain. Germe......... | 1.50 | 1.79 | 1.53 | 1.57 |
| Constitution du grain. Enveloppe......... | 15.36 | 15.72 | 15.06 | 14.25 |
| | 100.00 | 100.00 | 100.00 | 100.00 |
| Eau................... | 12.76 | 12.82 | 11.52 | 11.58 |
| Matières azotées (1). Gluten......... | 9.99 | 10.71 | 10.40 | 8.71 |
| Matières azotées (1). solubles, diastases, etc. | 1.85 | 2.24 | 1.77 | 1.52 |
| Matières azotées (1). ligueuses de l'enveloppe......... | 2.27 | 2.59 | 2.57 | 2.08 |
| Amidon................. | 55.97 | 54.57 | 56.57 | 58.44 |
| Matières grasses......... | 1.88 | 1.85 | 1.54 | 1.90 |
| Hydrates de carbone solubles (2). Sucre......... | 1.48 | 1.40 | 1.64 | 1.92 |
| Hydrates de carbone solubles (2). Galactine......... | 1.01 | 0.71 | 0.57 | 0.74 |
| Hydrates de carbone solubles (2). Autres de l'enveloppe. | 2.28 | 1.92 | 1.92 | 1.79 |
| A reporter......... | 89.49 | 88.81 | 88.50 | 88.68 |
| (1) Total des matières azotées..... | 14.11 | 15.54 | 14.44 | 12.31 |
| (2) Total des hydrates de carbone solubles................. | 4.77 | 4.03 | 4.13 | 4.45 |

| DÉSIGNATION. | BLÉ | | | |
| --- | --- | --- | --- | --- |
| | ULKA de KHERSON. | ROUGE de BESSARABIE. | DE POLOGNE (1re qualité). | SANDOMIRKA de POLOGNE. |

COMPOSITION DES BLÉS ENTIERS. (*Suite.*)

| | ULKA de KHERSON. | ROUGE de BESSARABIE. | DE POLOGNE (1re qualité). | SANDOMIRKA de POLOGNE. |
| --- | --- | --- | --- | --- |
| Report........ | 89.49 | 88.81 | 88.50 | 88.68 |
| Celluloses (1)............ | 8.84 | 9.73 | 9.90 | 9.68 |
| Matières minérales............ | 1.47 | 1.42 | 1.06 | 1.47 |
| Inconnues et pertes............ | 0.20 | 0.04 | 0.40 | 0.17 |
| | 100.00 | 100.00 | 100.00 | 100.00 |

COMPOSITION DE LA FARINE À 70 P. 100 D'EXTRACTION.

| | | ULKA de KHERSON. | ROUGE de BESSARABIE. | DE POLOGNE (1re qualité). | SANDOMIRKA de POLOGNE. |
| --- | --- | --- | --- | --- | --- |
| Eau..................... | | 12.86 | 12.88 | 11.00 | 11.56 |
| Matières solubles dans l'eau. | Glucose ........... | 0.27 | 0.19 | 0.39 | 0.37 |
| | Saccharose......... | 1.84 | 1.81 | 1.95 | 2.37 |
| | Matières azotées, diastases, etc....... | 1.43 | 1.65 | 1.40 | 1.02 |
| | Galactine......... | 0.79 | 1.02 | 0.81 | 1.07 |
| | Matières minérales.. | 0.40 | 0.41 | 0.34 | 0.35 |
| | Inconnues......... | *n* | *n* | 0.11 | 0.07 |
| Total............ | | 4.73 | 5.08 | 5.00 | 5.25 |
| Matières insolubles dans l'eau. | Gluten.......... | 11.66 | 12.60 | 12.25 | 9.90 |
| | Amidon.......... | 68.53 | 67.15 | 68.74 | 70.64 |
| | Matières grasses.... | 1.22 | 1.26 | 1.10 | 1.40 |
| | Matières minérales.. | 0.27 | 0.26 | 0.30 | 0.20 |
| | Cellules et débris... | 0.49 | 0.56 | 0.80 | 0.54 |
| Total............ | | 82.17 | 81.83 | 83.19 | 82.68 |
| Total général....... | | 99.76 | 99.79 | 99.19 | 99.49 |
| Inconnues et pertes............ | | 0.24 | 0.21 | 0.81 | 0.51 |
| | | 100.00 | 100.00 | 100.00 | 100.00 |
| Composition du gluten. | Gluténine......... | 26.31 | 22.32 | 29.07 | 27.77 |
| | Gliadine......... | 73.69 | 77.68 | 70.93 | 72.23 |
| | | 100.00 | 100.00 | 100.00 | 100 00 |
| | $\frac{\text{Gluténine}}{\text{Gliadine}}$ ........ | $\frac{25}{70}$ | $\frac{25}{87}$ | $\frac{25}{61}$ | $\frac{25}{65}$ |

(1) Y compris les débris.

| DÉSIGNATION. | BLÉS | | | |
| --- | --- | --- | --- | --- |
| | ULKA DE KHERSON. | ROUGE DE BESSARABIE. | DE POLOGNE (1re QUALITÉ). | SANDOMIRKA DE POLOGNE. |
| COMPOSITION DES BAS PRODUITS à 30 p. 100 DE REFUS. | | | | |
| Eau | 12.52 | 12.68 | 11.12 | 11.11 |
| Matières solubles — azotées | 2.84 | 3.59 | 2.96 | 2.71 |
| Matières solubles — hydrocarbonées | 7.60 | 6.53 | 6.39 | 5.95 |
| Matières solubles — minérables | 1.16 | 1.38 | 1.20 | 1.54 |
| Total | 11.60 | 11.50 | 10.55 | 10.20 |
| Matières insolubles — Gluten | 6.11 | 6.29 | 6.09 | 5.85 |
| Matières insolubles — Amidon | 26.66 | 25.21 | 28.17 | 29.96 |
| Matières insolubles — Matières azotées ligneuses | 7.58 | 8.64 | 7.58 | 6.93 |
| Matières insolubles — Matières grasses | 3.43 | 3.25 | 2.57 | 3.06 |
| Matières insolubles — Celluloses [1] | 29.47 | 30.59 | 31.12 | 29.81 |
| Matières insolubles — Matières minérales | 2.17 | 1.79 | 2.05 | 2.08 |
| Total | 75.42 | 75.77 | 77.58 | 77.69 |
| Total général | 99.54 | 99.95 | 99.25 | 98.99 |
| Inconnues et pertes | 0.46 | 0.05 | 0.75 | 1.01 |
| | 100.00 | 100.00 | 100.00 | 100.00 |

[1] Y compris les débris.

## BLÉS ÉTRANGERS. — ANNÉE 1896.

### BLÉS RUSSES.

Les tableaux ci-joints et les suivants, donnent pour l'année 1896, les analyses des blés de printemps, Gkirkas et Ulkas, déjà examinés pour l'année 1895.

En 1896, on retrouve pour tous ces blés les hautes qualités déjà signalées pour l'année précédente. Cependant pour quelques-uns on constate une légère dépréciation qui se fait surtout sentir parce que, dans ces blés, d'une part la proportion d'albumen a diminué; d'autre part, parce que le degré d'hydratation s'est élevé en même temps.

Mais, comme en 1895, le Gkirka d'Odessa tient la tête de toutes ces variétés et parmi les Ulkas la préférence revient sensiblement pour les deux années à l'Ulka de Kherson.

Quoi qu'il en soit, ces blés, pour l'année 1896, ont encore une valeur industrielle remarquable, comme on pourra s'en convaincre en étudiant la teneur en gluten de leurs différentes parties. La moyenne de cet élément se fixe, pour le grain entier à 9.82 p. 100; elle était de 10.12 p. 100 en 1895; pour la farine cette moyenne est de

11.78 p. 100 contre 12.02 en 1895 et pour les bas produits, elle est de 5.24 p. 100 au lieu de 5.70 en 1895.

Ce sont là des chiffres qui se passent de commentaires.

| DÉSIGNATION. | BLÉ | | | |
| --- | --- | --- | --- | --- |
| | GHIRKA D'ODESSA. | GHIRKA D'ALEXANDREWSK. | D'HIVER D'ODESSA. | ULKA DU DNIÉPRU (Parlograd.) |
| COMPOSITION DES BLÉS ENTIERS. | | | | |
| Poids moyen d'un grain | 0.023 | 0.022 | 0.026 | 0.022 |
| Constitution du grain. { Amande | 83.84 | 81.47 | 82.66 | 82.72 |
| Germe | 1.55 | 1.25 | 1.15 | 1.71 |
| Enveloppe | 14.61 | 17.28 | 16.19 | 15.57 |
| | 100.00 | 100.00 | 100.00 | 100.00 |
| Eau | 13.09 | 12.57 | 12.50 | 13.04 |
| Matières azotées (1) { Gluten | 11.44 | 8.66 | 11.45 | 8.72 |
| solubles, diastases, etc. | 2.05 | 1.98 | 2.11 | 2.11 |
| ligneuses de l'enveloppe | 1.97 | 2.16 | 2.35 | 1.79 |
| Amidon | 54.37 | 56.27 | 54.42 | 56.10 |
| Matières grasses | 1.53 | 1.97 | 1.90 | 2.03 |
| Hydrates de carbone solubles (2). { Sucre | 1.19 | 1.07 | 1.11 | 1.13 |
| Galactine | 0.61 | 0.54 | 0.47 | 0.61 |
| Autres de l'enveloppe. | 2.28 | 1.78 | 2.11 | 1.85 |
| Celluloses (1) | 9.40 | 10.49 | 9.46 | 10.10 |
| Matières minérales | 1.28 | 1.36 | 1.47 | 1.63 |
| Inconnues et pertes | 0.79 | 1.15 | 0.65 | 0.89 |
| | 100.00 | 100.00 | 100.00 | 100.00 |
| (1) Total des matières azotées | 15.46 | 12.80 | 15.91 | 12.62 |
| (2) Total des hydrates de carbone solubles | 4.08 | 3.39 | 3.69 | 3.59 |
| COMPOSITION DE LA FARINE À 70 P. 100 D'EXTRACTION. | | | | |
| Eau | 13.16 | 12.62 | 12.50 | 13.08 |
| Matières solubles dans l'eau. { Glucose | 0.42 | 0.31 | 0.28 | 0.37 |
| Saccharose | 1.28 | 1.22 | 1.31 | 1.25 |
| Matières azotées, diastases, etc. | 1.29 | 1.46 | 1.36 | 1.57 |
| Galactine | 0.87 | 0.77 | 0.67 | 0.87 |
| Matières minérales | 0.27 | 0.18 | 0.27 | 0.37 |
| Inconnues | 0.07 | 0.23 | 0.11 | ʺ |
| | 4.20 | 4.17 | 4.00 | 4.43 |

(1) Y compris les débris.

| DÉSIGNATION. | BLÉ | | | |
| --- | --- | --- | --- | --- |
| | GHIRKA D'ODESSA. | GHIRKA D'ALEXANDREWSK. | D'HIVER D'ODESSA. | ULKA DU DNIÉPER (Parlograd) |
| **COMPOSITION DE LA FARINE À 70 P. 100 D'EXTRACTION.** (*Suite.*) | | | | |
| Matières insolubles dans l'eau. — Gluten | 13.18 | 11.11 | 13.68 | 10.48 |
| Matières insolubles dans l'eau. — Amidon | 67.27 | 69.45 | 67.38 | 69.07 |
| Matières insolubles dans l'eau. — Matières grasses | 1.17 | 1.19 | 1.14 | 1.34 |
| Matières insolubles dans l'eau. — Matières minérales | 0.25 | 0.46 | 0.41 | 0.37 |
| Matières insolubles dans l'eau. — Cellules et débris | 0.44 | 0.38 | 0.46 | 0.52 |
| Total | 82.31 | 82.59 | 83.07 | 81.78 |
| Total général | 99.67 | 99.38 | 99.57 | 99.29 |
| Inconnues et pertes | 0.33 | 0.52 | 0.53 | 0.71 |
| | 100.00 | 100.00 | 100.00 | 100.00 |
| Composition du gluten. — Gluténine | 26.60 | 27.77 | 29.76 | 42.37 |
| Composition du gluten. — Gliadine | 73.40 | 72.23 | 70.24 | 57.63 |
| | 100.00 | 100.00 | 100.00 | 100.00 |
| Composition du gluten. — $\dfrac{\text{Gluténine}}{\text{Gliadine}}$ | $\dfrac{25}{69}$ | $\dfrac{25}{65}$ | $\dfrac{25}{59}$ | $\dfrac{25}{34}$ |
| **COMPOSITION DES BAS PRODUITS À 30 P. 100 DE REFUS.** | | | | |
| Eau | 12.93 | 12.48 | 12.49 | 12.94 |
| Matières solubles — azotées | 3.85 | 3.20 | 3.52 | 3.38 |
| Matières solubles — hydrocarbonées | 7.61 | 5.93 | 7.03 | 6.16 |
| Matières solubles — minérales | 1.44 | 1.62 | 1.20 | 1.46 |
| Total | 12.90 | 10.75 | 11.75 | 11.00 |
| Matières insolubles. — Gluten | 7.38 | 2.95 | 6.24 | 4.60 |
| Matières insolubles. — Amidon | 24.25 | 25.50 | 24.18 | 25.83 |
| Matières insolubles. — Matières azotées ligneuses | 6.57 | 7.20 | 7.83 | 5.96 |
| Matières insolubles. — Matières grasses | 2.38 | 3.81 | 3.66 | 3.62 |
| Matières insolubles. — Celluloses [1] | 30.29 | 34.08 | 30.47 | 32.46 |
| Matières insolubles. — Matières minérales | 1.40 | 2.32 | 1.99 | 2.14 |
| Total | 72.36 | 75.86 | 74.37 | 74.61 |
| Total général | 98.19 | 99.09 | 98.61 | 98.55 |
| Inconnues et pertes | 1.81 | 0.91 | 1.39 | 1.45 |
| | 100.00 | 100,00 | 100.00 | 100.00 |

[1] Y compris les débris.

On retrouve dans ces tableaux et les précédents les chiffres d'analyse obtenus pour les blés d'hiver appartenant à la variété rouge barbue d'hiver Ukrainska, déjà étudiés en 1895, ainsi que les chiffres obtenus pour la variété Sandomirka de Pologne.

En Russie, les variétés d'hiver sont signalées comme ayant, en général, une enveloppe plus épaisse que celle des variétés de printemps. C'est là un fait qui ne s'était pas vérifié pour l'année 1895, mais qui est très nettement caractérisé pour l'année 1896, ainsi qu'il est facile de s'en rendre compte par l'examen des tableaux. C'est là nécessairement un inconvénient qui se traduit par un rendement inférieur à la mouture, mais cet inconvénient est racheté par la grande valeur industrielle de la farine obtenue. La teneur en gluten du blé d'hiver d'Odessa en fait l'égal du Gkirka d'Odessa que nous avons analysé précédemment, et, en général, les chiffres 10.56, 12.49, 6.06 qui représentent pour l'année 1896, et pour le grain entier, la farine à 70 et les bas produits, le pourcentage en gluten, confirment pleinement les conclusions que, pour l'année 1895, nous avons posées pour ces blés. Il en est de même pour la variété Sandomirka de Pologne qui reste inférieure à toutes les autres pour l'année 1896.

La conclusion générale qui s'impose pour les blés russes est que, au point de vue de la composition et de la régularité de cette composition d'une année sur l'autre, ces blés occupent le premier rang parmi les blés du monde entier. Nous verrons par la suite, en effet, que quelques contrées produisent des froments dont les qualités peuvent s'approcher de celles des blés de Russie sans jamais les égaler complètement.

| DÉSIGNATION. | BLÉ | | | |
| --- | --- | --- | --- | --- |
| | ULKA DE KHERSON. | ROUGE DE BESSARABIE. | DE POLOGNE (1re QUALITÉ). | SANDOMIRKA DE POLOGNE. |
| COMPOSITION DES BLÉS ENTIERS. | | | | |
| Poids moyen d'un grain | 0.027 | 0.033 | 0.030 | 0.026 |
| Constitution du grain. — Amande | 83.14 | 78.67 | 83.10 | 82.31 |
| Constitution du grain. — Germe | 1.42 | 1.33 | 1.34 | 1.52 |
| Constitution du grain. — Enveloppe | 15.44 | 20.00 | 15.56 | 16.17 |
| | 100.00 | 100.00 | 100.00 | 100.00 |
| Eau | 11.37 | 14.33 | 12.32 | 12.52 |
| Matières azotées (1). — Gluten | 10.46 | 9.64 | 10.59 | 6.06 |
| Matières azotées (1). — solubles, diastases, etc. | 1.97 | 1.37 | 2.11 | 1.69 |
| Matières azotées (1). — ligneuses de l'enveloppe | 2.06 | 2.31 | 2.19 | 2.08 |
| Amidon | 56.10 | 55.92 | 55.49 | 59.66 |
| Matières grasses | 2.14 | 1.33 | 1.55 | 1.86 |
| Hydrates de carbone solubles (2). — Sucre | 1.47 | 1.09 | 1.47 | 1.18 |
| Hydrates de carbone solubles (2). — Galactine | 0.68 | 0.48 | 0.65 | 0.55 |
| Hydrates de carbone solubles (2). — Autres de l'enveloppe | 1.84 | 2.07 | 1.87 | 2.45 |
| Celluloses (1) | 9.72 | 9.66 | 9.82 | 9.90 |
| Matières minérales | 1.59 | 1.28 | 1.29 | 1.32 |
| Inconnues et pertes | 0.60 | 0.52 | 0.65 | 0.73 |
| | 100.00 | 100.00 | 100.00 | 100.00 |
| (1) Total des matières azotées | 14.49 | 13.32 | 14.89 | 9.83 |
| (2) Total des hydrates de carbone solubles | 3.99 | 3.64 | 3.99 | 4.18 |

(1) Y compris les débris.

| DÉSIGNATION. | BLÉ | | | |
| --- | --- | --- | --- | --- |
| | ULKA DE KHERSON. | ROUGE DE BESSARABIE. | DE POLOGNE (1re QUALITÉ). | SANDOMIRKA DE POLOGNE. |
| **COMPOSITION DE LA FARINE À 70 P. 100 D'EXTRACTION.** | | | | |
| Eau | 11.56 | 12.90 | 12.38 | 12.58 |
| Matières solubles dans l'eau — Glucose | 0.41 | 0.18 | 0.41 | 0.39 |
| Saccharose | 1.69 | 1.86 | 1.69 | 1.29 |
| Matières azotées, diastases, etc. | 1.45 | 1.29 | 1.56 | 1.25 |
| Galactine | 0.97 | 0.52 | 0.93 | 0.94 |
| Matières minérales | 0.32 | 0.39 | 0.28 | 0.21 |
| inconnues | ″ | ″ | ″ | 0.04 |
| | 4.84 | 4.24 | 4.87 | 4.12 |
| Matières insolubles dans l'eau — Gluten | 12.36 | 11.25 | 12.53 | 8.20 |
| Amidon | 68.76 | 68.66 | 68.12 | 72.65 |
| Matières grasses | 1.35 | 1.19 | 1.12 | 1.07 |
| Matières minérales | 0.36 | 0.13 | 0.20 | 0.30 |
| Cellules et débris | 0.52 | 0.64 | 0.46 | 0.49 |
| Total | 83.35 | 81.17 | 82.43 | 82.71 |
| Total général | 99.75 | 99.01 | 99.68 | 99.41 |
| Inconnues et pertes | 0.25 | 0.99 | 0.32 | 0.59 |
| | 100.00 | 100.00 | 100.00 | 100.00 |
| Composition du gluten — Gluténine | 35.71 | 36.23 | 35.21 | 21.36 |
| Gliadine | 64.29 | 63.77 | 64.79 | 78.64 |
| | 100.00 | 100.00 | 100.00 | 100.00 |
| Gluténine | 25 | 25 | 25 | 25 |
| Gliadine | 45 | 44 | 46 | 92 |
| **COMPOSITION DES BAS PRODUITS À 30 P. 100 DE REFUS.** | | | | |
| Eau | 10.93 | 12.67 | 12.18 | 12.39 |
| Matières solubles — azotées | 3.16 | 2.90 | 3.41 | 2.69 |
| hydrocarbonées | 6.12 | 5.91 | 6.24 | 8.26 |
| minérales | 1.32 | 1.34 | 1.30 | 1.00 |
| Total | 10.60 | 10.15 | 10.95 | 11.95 |
| Matières insolubles — Gluten | 6.02 | 5.86 | 6.08 | 1.08 |
| Amidon | 26.56 | 21.88 | 26.02 | 29.33 |
| Matières azotées ligneuses | 6.87 | 8.65 | 7.30 | 6.94 |
| Matières grasses | 3.95 | 2.55 | 2.55 | 3.69 |
| Celluloses [1] | 31.19 | 34.22 | 31.68 | 31.88 |
| Matières minérales | 2.29 | 2.62 | 1.77 | 2.11 |
| Total | 76.88 | 75.78 | 75.40 | 75.03 |
| Total général | 98.41 | 98.60 | 98.53 | 99.37 |
| Inconnues et pertes | 1.59 | 1.40 | 1.47 | 0.63 |
| | 100.00 | 100.00 | 100.00 | 100.00 |

[1] Y compris les débris.

BLÉS D'ALGÉRIE.

C'est à l'obligeance de M. Lecq, inspecteur de l'agriculture en Algérie, de M. Quercy, professeur départemental d'agriculture d'Oran et de M. Duroux, minotier à Rouïba, que nous devons les renseignements et les échantillons de blés relatifs à notre colonie d'Algérie.

Celle-ci cultive à la fois les blés tendres et durs. La culture des blés tendres est concentrée au nord de la province d'Alger, dans la Métitja, et dans la province d'Oran, autour d'Oran et de Sidi-bel-Abbès. Dans la province de Constantine, on cultive plus spécialement les blés durs.

La surface cultivée correspond à peu près à 340,000 hectares produisant en moyenne 2,550,000 hectolitres de grain dont la moitié, environ 1,250,000 hectolitres, est exportée en France.

Les variétés cultivées sont différentes, suivant qu'on s'adresse à la Métitja ou à la province d'Oran.

Dans la Métitja, le blé le plus répandu, qu'on trouvera dans nos analyses sous le nom de *blé de Blidah* (ouest de la Métitja), de *blé de la Righaia* (est de la Métitja), est connu aussi sous le nom de *blé de Marengo, Ameur-el-Aïn*, mais plus communément sous le nom de *blé de Mahon*. Le grain en est blanc.

Dans la province d'Oran on cultive surtout les Tuzelles, barbues et sans barbes. Le blé de Sidi-bel-Abbès qu'on trouvera dans nos tableaux est une tuzelle également. On cultive en général deux tiers de tuzelles barbues contre un tiers de tuzelles sans barbes.

La surface couverte par les blés tendres représente, en Algérie, les deux cinquièmes environ de la surface réservée au blé; les trois autres cinquièmes sont réservés aux blés durs.

La culture est faite, soit par les indigènes, soit par les colons européens et naturellement, les rendements obtenus par les uns et par les autres sont très variables, comme on le voit ci-dessous :

*Rendement à l'hectare.*

| | CULTURE INDIGÈNE. | CULTURE EUROPÉENNE. |
|---|---|---|
| | hectolitres. | hectolitres. |
| Blé tendre | 6 | 11 |
| Blé dur | 7 | 9 |

Chez tous les bons cultivateurs, dont le nombre augmente tous les ans, le rendement moyen, plus élevé, est le suivant :

| | |
|---|---|
| Blé tendre | 15 hectol. |
| Blé dur | 14 |

Les colons cultivent surtout les blés tendres et les indigènes les blés durs. Les blés durs cultivés par les colons sont généralement confiés aux plus mauvaises terres, ce qui explique leur rendement inférieur, car, à conditions égales, le blé dur donne un rendement supérieur au blé tendre, ainsi que le fait ressortir plus haut la culture indigène.

En général, les blés de la région d'Oran et ceux de Sidi-bel-Abbès, dont la richesse en albumen est plus grande et dont, par conséquent, le rendement en farine blanche est supérieur, sont payés 0 fr. 75 à 1 franc plus cher que les autres blés blancs de l'Algérie.

Nous donnons dans les tableaux suivants, pour 1895 et 1896, la composition de ces différents blés.

## BLÉS ÉTRANGERS. — ANNÉE 1895. (*Suite.*)

### BLÉS D'ALGÉRIE.

L'époque à laquelle nous avons commencé nos études pour l'année 1895 ne nous a permis de réunir que deux échantillons des types de blé cultivés en Algérie : une tuzelle, représentée par le blé de Sidi-bel-Abbès, et un blé blanc de la Metitja, représenté par le blé de Blidah.

Le poids moyen du grain de ces blés est différent, le blé de Sidi-bel-Abbès représentant la grosseur la plus élevée. Le degré d'humidité (12.72) est aussi en faveur de cette dernière variété, et il est de même pour la proportion d'amande farineuse.

Mais la proportion du gluten, et par suite la valeur industrielle, suit une marche toute différente, puisque tandis qu'on trouve, pour le pourcentage de cet élément dans le blé de Sidi-bel-Abbès, 7.56 pour le grain entier, 8.39 pour la farine, les proportions correspondantes s'élèvent à 9.43 pour 100 et 11.36 p. 100 pour le blé de Blidah.

Si donc, à la vérité, ce dernier blé est capable de rendre moins de farine que le blé de Sidi-bel-Abbès, si même, à cause de son extrême richesse en gluten, la mouture en doit être conduite plus attentivement, par contre, la farine qu'il peut rendre présente une valeur supérieure incontestable au point de vue de la boulangerie.

| | BLÉ | |
| DÉSIGNATION. | de SIDI-BEL-ABBÈS. | de BLIDAH. |
|---|---|---|
| COMPOSITION DES BLÉS ENTIERS. | | |
| Poids moyen d'un grain............................ | 0.040 | 0.034 |
| Constitution du grain. { Amande.......................... | 83.59 | 81.93 |
| Germe.......................... | 1.36 | 1.56 |
| Enveloppe........................ | 15.05 | 16.51 |
| | 100.00 | 100.00 |

| DÉSIGNATION. | BLÉ de SIDI-BEL-ABBÈS. | BLÉ de BLIDAH. |
|---|---|---|
| **COMPOSITION DES BLÉS ENTIERS.** (*Suite.*) | | |
| Eau | 12.72 | 13.66 |
| Matières azotées (1) { Gluten | 7.56 | 9.43 |
| solubles, diastases, etc. | 1.70 | 1.62 |
| ligneuses de l'enveloppe | 1.50 | 1.30 |
| Amidon | 59.00 | 55.87 |
| Matières grasses | 1.89 | 1.40 |
| Hydrates de carbone solubles (2). { Sucre | 1.39 | 1.46 |
| Galactine | 0.56 | 0.48 |
| Autres de l'enveloppe | 2.30 | 2.23 |
| Celluloses (1) | 9.89 | 10.90 |
| Matières minérales | 1.22 | 1.02 |
| Inconnues et pertes | 0.27 | 0.66 |
| | 100.00 | 100.00 |
| (1) Total des matières azotées | 10.76 | 12.35 |
| (2) Total des hydrates de carbone solubles | 4.25 | 4.14 |

**COMPOSITION DE LA FARINE À 70 P. 100 D'EXTRACTION.**

| DÉSIGNATION. | BLÉ de SIDI-BEL-ABBÈS. | BLÉ de BLIDAH. |
|---|---|---|
| Eau | 12.76 | 13.62 |
| Matières solubles dans l'eau. { Glucose | 0.23 | 0.36 |
| Saccharose | 1.75 | 1.73 |
| Matières azotées, diastases, etc. | 1.20 | 1.03 |
| Galactine | 0.80 | 0.69 |
| Matières minérales | 0.32 | 0.19 |
| Inconnues | // | 0.11 |
| | 4.30 | 4.11 |

(1) Y compris les débris.

| DÉSIGNATION. | BLÉ | |
| --- | --- | --- |
| | de SIDI-BEL-ABBÈS. | de BLIDAH. |
| **COMPOSITION DE LA FARINE À 70 P. 100 D'EXTRACTION.** (*Suite.*) | | |
| Matières insolubles dans l'eau. { Gluten | 8.39 | 11.36 |
| Amidon | 72.40 | 69.33 |
| Matières grasses | 1.20 | 0.98 |
| Matières minérales | 0.28 | 0.25 |
| Cellules et débris | 0.57 | 0.31 |
| Total | 82.84 | 82.23 |
| Total général | 99.90 | 99.96 |
| Inconnues et pertes | 0.10 | 0.04 |
| | 100.00 | 100.00 |
| Composition du gluten. { Gluténine | 26.60 | 31.25 |
| Gliadine | 73.40 | 68.75 |
| | 100.00 | 100.00 |
| Gluténine / Gliadine | 25/69 | 25/55 |
| **COMPOSITION DES BAS PRODUITS À 30 P. 100 DE REFUS.** | | |
| Eau | 12.94 | 13.18 |
| Matières solubles { azotées | 2.82 | 3.02 |
| hydrocarbonées | 7.68 | 7.45 |
| minérales | 1.60 | 1.18 |
| Total | 12.10 | 11.65 |
| Matières insolubles. { Gluten | 5.63 | 4.95 |
| Amidon | 27.75 | 24.47 |
| Matières azotées ligneuses | 5.00 | 4.35 |
| Matières grasses | 3.50 | 2.36 |
| Celluloses [1] | 31.65 | 36.33 |
| Matières minérales | 1.07 | 2.21 |
| Total | 74.60 | 74.67 |
| Total général | 99.64 | 99.50 |
| Inconnues et pertes | 0.36 | 0.50 |
| | 100.00 | 100.00 |

[1] Y compris les débris.

MM. Girard et Fleurent.

6

## BLÉS ÉTRANGERS. — ANNÉE 1896 (*Suite.*)

### BLÉS D'ALGÉRIE.

En 1896, le nombre des échantillons analysés nous permet, d'après ce que nous avons dit précédemment, de faire deux catégories : l'une représentée par les blés de la Métitja et comprenant le blé de Blidah et de la Righaïa ; 2° l'autre comprenant les tuzelles de la province d'Oran, représentées par les blés de Sidi-bel-Abbès, les tuzelles barbue et sans barbe d'Oran.

Comparés entre eux, tous ces blés nous permettent de conclure encore, en 1895, que les tuzelles sont plus riches en albumen que les blés de la Métitja. L'humidité y est sensiblement la même, sauf en ce qui concerne le blé de la Righaïa où elle atteint un chiffre un peu supérieur, 13.30 p. 100.

Les blés blancs de Blidah et de la Righaïa ont une composition très voisine, qui, en allure générale, leur assigne une supériorité sur les tuzelles.

Cependant le blé de la Righaïa, malgré son taux d'humidité un peu plus élevé, est plus riche en gluten que le blé de Blidah, ainsi qu'on pourra le voir en consultant les tableaux ci-joints.

Quant aux tuzelles, leur valeur industrielle est assez variable. C'est à la tuzelle barbue d'Oran que revient la priorité du rang, sa teneur en gluten, 9 p. 100 pour le grain entier, 30.80 p. 100 pour la farine, en faisant l'égale du blé de Blidah et de la Righaïa. Quant aux deux autres tuzelles, elles ont des qualités qui vont en décroissant du blé de Sidi-bel-Abbès, qui tient dans le tableau une place honorable, à la tuzelle d'Oran sans barbes qui ne se distingue pas sensiblement de la plupart des blés français.

| DÉSIGNATION. | BLÉ | | | TUZELLE | |
| --- | --- | --- | --- | --- | --- |
| | de SIDI-BEL-ABBÈS. | de BLIDAH. | de LA RIGHAÏA. | barbue D'ORAN. | sans barbes D'ORAN. |
| COMPOSITION DES BLÉS ENTIERS. | | | | | |
| Poids moyen d'un grain.......... | 0.042 | 0.042 | 0.039 | 0.037 | 0.043 |
| Constitution du grain. { Amande........ | 83.63 | 82.46 | 82.29 | 82.70 | 83.97 |
| Germe.......... | 1.49 | 1.32 | 1.78 | 1.49 | 1.39 |
| Enveloppe......... | 14.88 | 16.22 | 15.93 | 15.81 | 14.64 |
| TOTAL............. | 100.00 | 100.00 | 100.00 | 100.00 | 100.00 |

| DÉSIGNATION. | BLÉ | | | TUZELLE | |
| --- | --- | --- | --- | --- | --- |
| | de SIDI-BEL-ABBÈS. | de BLIDAH. | de LA RIGHAÏA. | barbue D'ORAN. | sans barbes D'ORAN. |

### COMPOSITION DES BLÉS ENTIERS. (*Suite.*)

| DÉSIGNATION. | de SIDI-BEL-ABBÈS. | de BLIDAH. | de LA RIGHAÏA. | TUZELLE barbue D'ORAN. | TUZELLE sans barbes D'ORAN. |
| --- | --- | --- | --- | --- | --- |
| Eau | 12.86 | 12.92 | 13.30 | 12.21 | 11.39 |
| Matières azotées (1). — Gluten | 7.07 | 8.66 | 9.00 | 9.41 | 6.32 |
| Matières azotées (1). — solubles, diastases, etc. | 1.95 | 1.67 | 1.89 | 1.67 | 1.43 |
| Matières azotées (1). — ligneuses de l'enveloppe | 2.04 | 1.80 | 1.94 | 1.78 | 1.85 |
| Amidou | 58.62 | 56.81 | 55.88 | 56.70 | 61.69 |
| Matières grasses | 1.67 | 1.85 | 1.81 | 1.88 | 1.56 |
| Hydrates de carbone solubles (2). — Sucre | 1.49 | 1.55 | 1.07 | 1.44 | 1.39 |
| Hydrates de carbone solubles (2). — Galactine | 0.48 | 0.48 | 0.62 | 0.53 | 0.37 |
| Hydrates de carbone solubles (2). — Autres de l'enveloppe | 2.36 | 1.91 | 1.89 | 2.12 | 2.04 |
| Celluloses (1) | 9.28 | 10.56 | 10.10 | 10.25 | 9.78 |
| Matières minérales | 1.16 | 1.22 | 1.36 | 1.36 | 1.24 |
| Inconnues et pertes | 1.02 | 0.57 | 1.14 | 0.65 | 0.94 |
| TOTAL | 100.00 | 100.00 | 100.00 | 100.00 | 100.00 |
| (1) TOTAL des matières azotées | 13.01 | 12.13 | 12.83 | 12.86 | 9.60 |
| (2) TOTAL des hydrates de carbone solubles | 3.56 | 3.94 | 3.58 | 4.09 | 3.80 |

### COMPOSITION DE LA FARINE À 70 P. 100 D'EXTRACTION.

| DÉSIGNATION. | de SIDI-BEL-ABBÈS. | de BLIDAH. | de LA RIGHAÏA. | TUZELLE barbue D'ORAN. | TUZELLE sans barbes D'ORAN. |
| --- | --- | --- | --- | --- | --- |
| Eau | 12.98 | 13.02 | 13.34 | 12.46 | 11.32 |
| Matières solubles dans l'eau. — Glucose | 0.60 | 0.47 | 0.31 | 0.25 | 0.48 |
| Matières solubles dans l'eau. — Saccharose | 1.53 | 1.75 | 1.22 | 1.81 | 1.50 |
| Matières solubles dans l'eau. — Matières azotées, diastases, etc. | 1.40 | 1.24 | 1.35 | 1.27 | 1.07 |
| Matières solubles dans l'eau. — Galactine | 0.69 | 0.68 | 0.88 | 0.75 | 0.53 |
| Matières solubles dans l'eau. — Matières minérales | 0.20 | 0.24 | 0.27 | 0.26 | 0.36 |
| Matières solubles dans l'eau. — Inconnues | " | 0.17 | 0.34 | " | 0.53 |
| TOTAL | 4.42 | 4.55 | 4.37 | 4.34 | 4.47 |

(1) Y compris les débris.

| DÉSIGNATION. | BLÉ | | | TUZELLE | |
| --- | --- | --- | --- | --- | --- |
| | de SIDI-BEL-ABBÈS. | de BLIDAH. | de LA RIGHAÏA. | barbue D'ORAN. | sans barbes D'ORAN. |

COMPOSITION DE LA FARINE À 70 P. 100 D'EXTRACTION (*Suite.*)

| | | SIDI-BEL-ABBÈS | BLIDAH | LA RIGHAÏA | barbue D'ORAN | sans barbes D'ORAN |
| --- | --- | --- | --- | --- | --- | --- |
| Matières insolubles dans l'eau. | Gluten | 9.39 | 10.40 | 11.11 | 10.88 | 7.95 |
| | Amidon | 70.67 | 70.00 | 68.82 | 70.18 | 74.03 |
| | Matières grasses | 1.12 | 1.31 | 1.10 | 1.12 | 1.21 |
| | Matières minérales | 0.22 | 0.18 | 0.21 | 0.27 | 0.15 |
| | Cellules et débris | 0.28 | 0.46 | 0.31 | 0.36 | 0.39 |
| | TOTAL | 81.68 | 82.35 | 81.55 | 82.81 | 83.63 |
| TOTAL GÉNÉRAL | | 99.08 | 99.92 | 99.26 | 99.61 | 99.42 |
| Inconnues et pertes | | 0.92 | 0.08 | 0.74 | 0.39 | 0.58 |
| | | 100.00 | 100.00 | 100.00 | 100.00 | 100.00 |
| Composition du gluten. | Gluténine | 25.77 | 26.60 | 27.17 | 32.05 | 23.81 |
| | Gliadine | 74.23 | 73.40 | 72.83 | 67.95 | 76.19 |
| | | 100.00 | 100.00 | 100.00 | 100.00 | 100.00 |
| | Gluténine / Gliadine | 25/72 | 25/69 | 25/67 | 25/53 | 25/80 |

COMPOSITION DES BAS PRODUITS À 30 P. 100 DE REFUS.

| | | SIDI-BEL-ABBÈS | BLIDAH | LA RIGHAÏA | barbue D'ORAN | sans barbes D'ORAN |
| --- | --- | --- | --- | --- | --- | --- |
| Eau | | 12.57 | 12.72 | 13.20 | 11.61 | 11.55 |
| Matières solubles | azotées | 3.25 | 2.68 | 3.12 | 2.61 | 2.27 |
| | hydrocarbonées | 7.85 | 6.38 | 6.30 | 7.05 | 6.80 |
| | minérales | 1.40 | 1.24 | 1.18 | 1.44 | 1.48 |
| | TOTAL | 12.50 | 10.30 | 10.60 | 11.10 | 10.55 |
| Matières insolubles. | Gluten | 1.67 | 4.60 | 4.05 | 5.97 | 2.74 |
| | Amidon | 30.52 | 26.04 | 25.71 | 25.24 | 32.90 |
| | Matières azotées ligneuses | 6.79 | 6.01 | 6.45 | 5.93 | 6.17 |
| | Matières grasses | 2.96 | 3.11 | 3.45 | 3.66 | 2.38 |
| | Celluloses [1] | 30.93 | 34.13 | 32.94 | 33.33 | 31.71 |
| | Matières minérales | 1.49 | 1.75 | 2.14 | 1.76 | 1.36 |
| | TOTAL | 74.36 | 75.64 | 74.74 | 75.89 | 77.26 |
| TOTAL GÉNÉRAL | | 99.43 | 98.66 | 98.54 | 98.60 | 99.36 |
| Inconnues et pertes | | 0.57 | 1.34 | 1.46 | 1.40 | 0.64 |
| | | 100.00 | 100.00 | 100.00 | 100.00 | 100.00 |

[1] Y compris les débris.

## BLÉS ÉTRANGERS. — ANNÉE 1895. (*Suite.*)

### BLÉ DES ÉTATS-UNIS.

C'est, d'une part, à M. Wiley, directeur du Département de l'agriculture des États-Unis, d'autre part à M. Clarke, secrétaire de la Société royale d'agriculture d'Angleterre, que nous devons les échantillons de blé recueillis en 1895 et 1896 et représentant les principaux types exportés en France par les ports de New-Orléans, New-York, Portland, Baltimore, Norfolk, San-Francisco et Tacoma.

Ces types sont au nombre de trois : l'un est formé par le blé de Californie, que seule nous avons pu nous procurer pour l'année 1895; les deux autres, par les blés rouges d'hiver et de printemps, qui sont très répandus dans la partie Est et Nord-Est des États-Unis.

Les tableaux ci-dessous montrent que, pour l'année 1895, le blé de Californie se présente avec une composition qui est, en général, un peu supérieure à celle de la plupart de nos blés français pour la même année, et aussi l'année suivante. Le grain en est plus petit et le degré d'humidité plus faible. La quantité de gluten y est un peu plus élevée.

Le rendement à l'hectare du blé de Californie est de 750 lbs. par an, soit environ 9,5 quintaux métriques.

| DÉSIGNATION. | BLÉ de CALIFORNIE. |
|---|---|
| **COMPOSITION DU BLÉ ENTIER.** | |
| Poids moyen d'un grain............ | 0.030 |
| Constitution du grain. { Amande........... | 83.07 |
| Germe........... | 1.44 |
| Enveloppe........... | 15.49 |
|  | 100.00 |
| Eau........... | 11.60 |
| Matières azotées (1) { Gluten........... | 6.96 |
| solubles, diastases, etc........... | 1.51 |
| ligneuses de l'enveloppe........... | 1.93 |
| Amidon........... | 59.48 |
| Matières grasses........... | 1.97 |
| A reporter........... | 83.45 |
| (1) Total des matières azotées........... | 10.40 |

| DÉSIGNATION. | BLÉ de CALIFORNIE. |
|---|---|
| **COMPOSITION DU BLÉ ENTIER.** (*Suite.*) | |
| Report.................................... | 83.45 |
| Hydratés de carbone solubles (2). — Sucres.................................... | 1.80 |
| Hydratés de carbone solubles (2). — Galactine.................................... | 0.67 |
| Hydratés de carbone solubles (2). — Autres de l'enveloppe.................................... | 1.93 |
| Celluloses [1].................................... | 9.76 |
| Matières minérales.................................... | 1.54 |
| Inconnues et pertes.................................... | 0.85 |
| | 100.00 |
| (2) Total des hydrates de carbone solubles.................................... | 3.40 |
| **COMPOSITION DE LA FARINE À 70 P. 100 D'EXTRACTION.** | |
| Eau.................................... | 11.78 |
| Matières solubles dans l'eau. — Glucose.................................... | 0.18 |
| Matières solubles dans l'eau. — Saccharose.................................... | 2.39 |
| Matières solubles dans l'eau. — Matières azotées, diastases, etc.................................... | 1.11 |
| Matières solubles dans l'eau. — Galactine.................................... | 0.96 |
| Matières solubles dans l'eau. — Matières minérales.................................... | 0.33 |
| Matières solubles dans l'eau. — Inconnues.................................... | » |
| | 4.97 |
| Matières insolubles dans l'eau. — Gluten.................................... | 8.30 |
| Matières insolubles dans l'eau. — Amidon.................................... | 72.57 |
| Matières insolubles dans l'eau. — Matières grasses.................................... | 1.30 |
| Matières insolubles dans l'eau. — Matières minérales.................................... | 0.33 |
| Matières insolubles dans l'eau. — Cellules et débris.................................... | 0.56 |
| TOTAL.................................... | 83.06 |
| TOTAL GÉNÉRAL.................................... | 99.81 |
| Inconnues et pertes.................................... | 0.19 |
| | 100.00 |
| Composition du gluten. — Gluténine.................................... | 28.09 |
| Composition du gluten. — Gliadine.................................... | 71.91 |
| | 100.00 |
| Composition du gluten. — Gluténine / Gliadine.................................... | 25/64 |

[1] Y compris les débris....................................

| DÉSIGNATION. | BLÉ de CALIFORNIE. |
|---|---|
| **COMPOSITION DES BAS PRODUITS À 3o P. 100 DE REFUS.** | |
| Eau........................................................ | 11.17 |
| Matières solubles — azotées................................ | 2.43 |
| Matières solubles — hydrocarbonées........................ | 8.35 |
| Matières solubles — minérales.............................. | 1.32 |
| Total................................... | 12.10 |
| Matières insolubles. — Gluten.............................. | 3.85 |
| Matières insolubles. — Amidon............................. | 28.94 |
| Matières insolubles. — Matières azotées ligneuses.......... | 6.44 |
| Matières insolubles. — Matières grasses.................... | 3.52 |
| Matières insolubles. — Celluloses [1]...................... | 31.21 |
| Matières insolubles. — Matières minérales.................. | 2.26 |
| Total................................... | 76.22 |
| Total général........................ | 99.49 |
| Inconnues et pertes...................................... | 0.51 |
| | 100.00 |

[1] Y compris les débris.

## BLÉS ÉTRANGERS. — ANNÉE 1896. (*Suite.*)

### BLÉS DES ÉTATS-UNIS.

Pour l'année 1896, le blé de Californie se montre d'une qualité supérieure à celui de l'année 1895. Le grain en est un peu plus gros, mais l'humidité y est un peu plus grande, tandis que la proportion d'albumen a un peu diminué, passant de 83.07 à 82.36. Mais la quantité de gluten, qui est de 7.64 p. 100 pour le blé entier, 9.74 p. 100 pour la farine, est en augmentation sur 1895, où elle était comparativement de 6 96 et 8.30 p. 100 et achève de classer ce blé parmi les bonnes variétés exotiques, ce qui explique la faveur dont il jouit auprès de certains meuniers. Il s'accommode d'ailleurs très bien du système de mouture moderne.

Les blés rouges d'hiver et de printemps doivent être classés avant le blé de Californie, à cause de leur plus grande richesse en gluten. Le grain en est plus petit, le degré d'humidité un peu plus élevé, mais la proportion d'amande farineuse y est sensiblement égale. Les proportions de 8.44 et 8.70 p. 100 de gluten pour le blé entier, 10.96 et 11.43 p. 100 pour la farine, qu'on y rencontre, donnent à ces blés une grande valeur boulangère, et les recommandent tout particulièrement à l'attention de la meunerie française pour les mélanges allant à la mouture.

| DÉSIGNATION. | | BLÉ | | |
| --- | --- | --- | --- | --- |
| | | de CALIFORNIE. | ROUGE D'HIVER. | ROUGE de printemps. |
| **COMPOSITION DES BLÉS ENTIERS.** | | | | |
| Poids moyen d'un grain | | 0.040 | 0.029 | 0.029 |
| Constitution du grain. | Amande | 82.36 | 83.56 | 82.34 |
| | Germe | 1.53 | 1.74 | 1.77 |
| | Enveloppe | 16.11 | 14.70 | 15.89 |
| | | 100.00 | 100.00 | 100.00 |
| Eau | | 12.94 | 13.46 | 13.38 |
| Matières azotées (1). | Gluten | 7.64 | 8.44 | 8.72 |
| | solubles; diastases, etc. | 1.66 | 1.65 | 2.24 |
| | ligneuses de l'enveloppe | 2.24 | 1.75 | 2.13 |
| Amidon | | 58.10 | 57.60 | 55.60 |
| Matières grasses | | 1.73 | 1.80 | 1.96 |
| Hydrates de carbone solubles (2). | Sucre | 1.23 | 1.83 | 1.07 |
| | Galactine | 0.63 | 0.60 | 0.63 |
| | Autres de l'enveloppe | 2.22 | 1.90 | 1.98 |
| Celluloses (1) | | 9.61 | 8.98 | 9.62 |
| Matières minérales | | 1.24 | 1.54 | 1.26 |
| Inconnues et pertes | | 0.76 | 0.45 | 1.41 |
| | | 100.00 | 100.00 | 100.00 |
| (1) Total des matières azotées | | 11.54 | 11.84 | 13.09 |
| (2) Total des hydrates de carbone solubles | | 4.08 | 4.33 | 3.68 |
| **COMPOSITION DE LA FARINE À 70 P. 100 D'EXTRACTION.** | | | | |
| Eau | | 12.90 | 12.40 | 13.42 |
| Matières solubles dans l'eau. | Glucose | 0.20 | 0.40 | 0.37 |
| | Saccharose | 1.56 | 1.98 | 1.16 |
| | Matières azotées, diastases, etc. | 1.20 | 1.33 | 1.59 |
| | Galactine | 0.90 | 0.89 | 0.90 |
| | Matières minérales | 0.22 | 0.45 | 0.31 |
| | Inconnues | 0.02 | | 0.42 |
| | Total | 4.10 | 5.05 | 4.75 |

(1) Y compris les débris.

| DÉSIGNATION. | BLÉ | | |
| --- | --- | --- | --- |
| | de CALIFORNIE. | ROUGE D'HIVER. | ROUGE de printemps. |
| **COMPOSITION DE LA FARINE À 70 P. 100 D'EXTRACTION.** (*Suite.*) | | | |
| Matières insolubles dans l'eau. — Gluten | 9.74 | 10.56 | 11.43 |
| Amidon | 71.79 | 69.11 | 68.00 |
| Matières grasses | 1.06 | 1.38 | 1.24 |
| Matières minérales | 0.23 | 0.28 | 0.24 |
| Cellules et débris | 0.23 | 0.42 | 0.37 |
| Total | 83.05 | 81.75 | 81.28 |
| Total général | 100.05 | 99.20 | 99.45 |
| Inconnues et pertes | " | 0.80 | 0.55 |
| | " | 100.00 | 100.00 |
| Composition du gluten. — Gluténine | 30.12 | 18.80 | 44.64 |
| Gliadine | 69.88 | 81.20 | 55.36 |
| | 100.00 | 100.00 | 100.00 |
| Gluténine / Gliadine | $\frac{25}{58}$ | $\frac{25}{108}$ | $\frac{25}{31}$ |
| **COMPOSITION DES BAS PRODUITS À 30 P. 100 DE REFUS.** | | | |
| Eau | 13.03 | 11.97 | 13.25 |
| Matières solubles — azotées | 2.73 | 3.14 | 3.76 |
| hydrocarbonées | 7.41 | 6.50 | 6.58 |
| minérales | 0.96 | 1.56 | 1.46 |
| Total | 11.10 | 11.20 | 11.80 |
| Matières insolubles. — Gluten | 4.27 | 4.08 | 3.35 |
| Amidon | 25.20 | 29.47 | 25.69 |
| Matières azotées ligneuses | 1.45 | 6.15 | 7.10 |
| Matières grasses | 3.29 | 3.98 | 3.65 |
| Celluloses [1] | 32.03 | 30.49 | 32.66 |
| Matières minérales | 2.13 | 1.48 | 1.47 |
| Total | 74.37 | 75.65 | 73.32 |
| Total général | 98.50 | 98.82 | 98.37 |
| Inconnues et pertes | 1.50 | 1.18 | 1.63 |
| | 100.00 | 100.00 | 100.00 |

[1] Y compris les débris.

## BLÉS DE ROUMANIE.

C'est à S. E. M. Aureliano, Ministre de l'agriculture, du commerce et de l'industrie de Roumanie, membre de la Société nationale d'agriculture de France, que nous devons les échantillons et les renseignements relatifs à la culture du blé dans ce pays.

Le blé est cultivé à peu près partout en Roumanie, mais quelques districts sont à ce sujet particulièrement intéressants, et ce sont les blés provenant de ces districts que nous avons examinés.

Le district de Roman est situé dans le nord, c'est-à-dire dans l'ancienne Moldavie; c'est un pays de collines où se trouvent de grandes cultures appartenant à des riches propriétaires qui ont perfectionné les méthodes agricoles. Le rendement varie dans les bonnes années de 19 à 24 hectolitres à l'hectare. La moyenne du rendement de 1890 à 1895 y a été de 15 hectolitres.

Le district de Braïla est situé sur les bords du Danube; c'est par le port de Braïla qu'on gagne la mer Noire.

Le district d'Ilfov est celui dont Bucharest est le centre; c'est là que se rencontrent les cultures les plus parfaites.

Dans le district de Braïla, le rendement à l'hectare atteint 20 hectolitres dans les bonnes années; la moyenne 1890-1895 est de 16 hectolitres récoltés à l'hectare.

Dans le district d'Ilfov, dans les bonnes années, le rendement à l'hectare varie de 30 à 35 hectolitres; pendant la période 1890-1895, le rendement moyen à l'hectare a été de 20 hectol. 5.

Les variétés de blés à épi blanc barbu, à graines dures ou demi-dures, sont les plus estimées par les cultivateurs du pays et occupent la plus grande partie de la surface cultivée en blé. Le blé à épi rouge barbu, à graines tendres, est beaucoup moins estimé.

L'exportation se fait par les ports de Braïla, Sulina, Galatz, Kustendje et Reni.

En arrivant à Marseille, ces blés sont classés suivant leur propreté et leur poids à l'hectolitre, et vendus sous le nom de blés du Danube.

Nous n'avons pas pu recueillir d'échantillons de l'année 1895; les analyses ci-après correspondent donc à la récolte de 1896.

Tous les blés analysés, et dont on trouvera en détail la composition dans les tableaux ci-joints, appartiennent au type à épi blanc barbu, à grain rouge. Ils sont désignés, en général, dans le pays sous le nom de *blé à épi blanc barbu* ou *blé roumain à épi blanc barbu*; seul le blé du district d'Ilfov nous a été adressé sous la désignation *vieux blé roumain à épi blanc barbu*.

En ce qui concerne le grain entier, ces blés présentent entre eux, pour les différents districts, une certaine analogie de composition; le grain du district de Roman est un peu plus gros que celui des districts d'Ilfov et de Braïla, mais la proportion d'amande farineuse y est sensiblement la même, sauf dans le district de Braïla où elle est supérieure de 0.5 à 0.8 p. 100. Le degré d'hydradation, comme on peut s'en apercevoir, est un peu variable d'un échantillon à l'autre, mais ne dépasse pas, en tous cas, le chiffre de 13.40.

Quant à la valeur industrielle de ces blés, elle est assez variable ainsi qu'on peut le voir en examinant leur teneur en gluten. Le blé qui tient la tête de cette liste est le blé du district de Braïla. En effet, indépendamment de sa faible teneur en eau, de sa richesse en amande farineuse, il contient 9.61 de gluten p. 100 du blé entier et donne une farine riche à 12.08 p. 100 du même produit. Ce blé peut être comparé à certains blés russes. Puis vient le blé du district d'Ilfov avec 8.80 et 10.12 p. 100 de gluten. Les deux blés du district de Roman sont très différents. L'un surtout, qui n'a que 5.46 p. 100 de gluten, ne présente aucune supériorité sur les blés français.

| DÉSIGNATION. | VIEUX BLÉ ROUMAIN (Ilfov). | BLÉ | | |
| --- | --- | --- | --- | --- |
| | | ROUMAIN (Roman). | ROUMAIN (Roman). | ROUMAIN (Braïla). |
| COMPOSITION DES BLÉS ENTIERS. | | | | |
| Poids moyen d'un grain | 0.033 | 0.038 | 0.038 | 0.031 |
| Constitution du grain. { Amande | 83.28 | 83.57 | 83.40 | 84.08 |
| Germe | 1.29 | 1.57 | 1.15 | 1.50 |
| Enveloppe | 15.43 | 14.86 | 15.45 | 14.42 |
| | 100.00 | 100.00 | 100.00 | 100.00 |
| Eau | 13.43 | 13.18 | 12.50 | 11.48 |
| Matières azotées (1) { Gluten | 8.80 | 7.20 | 5.46 | 9.61 |
| solubles, diastases, etc. | 1.78 | 1.69 | 1.59 | 1.84 |
| ligneuses de l'enveloppe | 1.75 | 2.02 | 2.12 | 2.24 |
| Amidon | 56.95 | 58.12 | 60.22 | 57.44 |
| Matières grasses | 1.76 | 1.89 | 2.55 | 1.82 |
| Hydrates de carbone solubles (2). { Sucre | 1.53 | 1.15 | 1.41 | 1.42 |
| Galactine | 0.56 | 0.50 | 0.55 | 0.63 |
| Autres de l'enveloppe. | 2.22 | 1.93 | 1.64 | 1.82 |
| Celluloses (1) | 9.34 | 9.30 | 9.77 | 9.17 |
| Matières minérales | 1.40 | 1.48 | 1.60 | 1.40 |
| Inconnues et pertes | 0.48 | 1.54 | 0.59 | 1.13 |
| | 100.00 | 100.00 | 100.00 | 100.00 |
| (1) Total des matières azotées | 12.33 | 10.91 | 9.17 | 13.69 |
| (2) Total des hydrates de carbone solubles | 4.31 | 3.58 | 3.60 | 3.87 |

(1) Y compris les débris.

| DÉSIGNATION. | VIEUX BLÉ ROUMAIN (Ilfov). | BLÉ | | |
| --- | --- | --- | --- | --- |
| | | ROUMAIN (Roman). | ROUMAIN (Roman). | ROUMAIN (Braïla). |
| **COMPOSITION DE LA FARINE À 70 P. 100 D'EXTRACTION.** | | | | |
| Eau | 13.42 | 13.16 | 12.56 | 11.68 |
| Matières solubles dans l'eau. — Glucose | 0.42 | 0.16 | 0.14 | 0.31 |
| Saccharose | 1.76 | 1.48 | 1.87 | 1.72 |
| Matières azotées, diastases, etc. | 0.56 | 1.23 | 1.21 | 1.42 |
| Galactine | 0.86 | 0.71 | 0.79 | 0.90 |
| Matières minérales | 0.27 | 0.45 | 0.20 | 0.37 |
| Inconnues | 0.01 | 0.47 | " | " |
| | 4.82 | 4.50 | 4.21 | 4.72 |
| Matières insolubles dans l'eau. — Gluten | 10.12 | 9.79 | 7.11 | 12.08 |
| Amidon | 70.02 | 69.58 | 72.22 | 68.70 |
| Matières grasses | 1.10 | 1.19 | 1.19 | 1.46 |
| Matières minérales | 0.31 | 0.25 | 0.40 | 0.08 |
| Cellules et débris | 0.58 | 0.58 | 0.77 | 0.65 |
| TOTAL | 82.13 | 81.39 | 82.69 | 82.97 |
| TOTAL GÉNÉRAL | 100.37 | 99.05 | 99.40 | 99.37 |
| Inconnues et pertes | " | 0.95 | 0.60 | 0.63 |
| | " | 100.00 | 100.00 | 100.00 |
| Composition du gluten. — Gluténine | 31.25 | 29.76 | 43.10 | 37.31 |
| Gliadine | 68.75 | 70.24 | 56.90 | 62.69 |
| | 100.00 | 100.00 | 100.00 | 100.00 |
| $\dfrac{\text{Gluténine}}{\text{Gliadine}}$ | $\dfrac{25}{55}$ | $\dfrac{25}{59}$ | $\dfrac{25}{33}$ | $\dfrac{25}{42}$ |
| **COMPOSITION DES BAS PRODUITS À 30 P. 100 DE REFUS.** | | | | |
| Eau | 13.46 | 13.15 | 12.50 | 11.76 |
| Matières solubles — azotées | 2.41 | 2.76 | 2.45 | 2.84 |
| hydrocarbonées | 7.42 | 6.44 | 5.46 | 6.06 |
| minérales | 1.82 | 1.20 | 1.24 | 1.70 |
| TOTAL | 11.65 | 10.40 | 9.15 | 10.60 |

| DÉSIGNATION. | VIEUX BLÉ | BLÉ | | |
| --- | --- | --- | --- | --- |
| | ROUMAIN (Ilfov). | ROUMAIN (Roman). | ROUMAIN (Roman). | ROUMAIN (Braïla). |
| Matières insolubles. { Gluten | 5.72 | 1.18 | 1.61 | 3.83 |
| Amidon | 26.46 | 31.89 | 32.26 | 31.15 |
| Matières azotées ligneuses | 5.83 | 6.74 | 7.06 | 7.48 |
| Matières grasses | 3.31 | 3.53 | 2.95 | 2.67 |
| Celluloses [1] | 31.12 | 29.62 | 36.77 | 29.04 |
| Matières minérales | 1.49 | 2.00 | 2.60 | 1.81 |
| Total | 73.93 | 74.46 | 77.25 | 75.98 |
| Total général | 99.06 | 98.05 | 98.90 | 98.34 |
| Inconnues et pertes | 0.94 | 1.95 | 1.10 | 1.66 |
| | 100.00 | 100.00 | 100.00 | 100.00 |

[1] Y compris les débris.

## BLÉS ÉTRANGERS. — ANNÉE 1895. (*Suite.*)

### BLÉS DES INDES.

C'est à l'obligeance de M. Clarke, secrétaire de la Société royale d'agriculture d'Angleterre, que nous devons, pour les années 1895 et 1896, les échantillons de blé provenant des Indes anglaises, dont l'exportation se fait par les ports de Bombay, de Kurrachee et de Calcutta. La surface cultivée en blé dans ce pays varie avec chaque année. La récolte s'y fait généralement en avril ou mai. Les variétés exportées principalement sont au nombre de trois : les deux premières, qui sont réputées les meilleures, sont désignées sous les noms de *Choice White Bombay* et *Choice Kurrachee*; la troisième est une bonne qualité moyenne, désignée soit sous le nom de *Flag White Kurrachee*, soit sous le nom de *F. A. Q. White Kurrachee*, qui est une abréviation de *Fair average quality*. Les échantillons que nous avons analysés proviennent de la province de Bombay. Le rendement y atteint 430 lbs. par acre, soit 5 quintaux par hectare; dans les provinces du nord-ouest des Indes, ce rendement s'élève un peu et atteint 730-800 lbs. par acre, c'est-à-dire un peu moins de 10 quintaux à l'hectare. Tous ces blés sont à grain blanc.

Les analyses ci-jointes montrent qu'à tous les points de vue, c'est la variété Choice White Bombay qui présente les meilleures qualités. Le grain en est gros, la proportion d'amande y atteint 84 p. 100 et la quantité de gluten 8.2 p. 100 du grain entier, 9.53 p. 100 de la farine, s'y rencontre en proportion très favorable. Mais ce gluten est très peu élastique à cause de l'excès de gluténine qu'il contient. Les mêmes remarques sont à faire pour le F. A. Q. White Kurrachee, qui vient en seconde ligne. Le

Choice Kurrachee à une valeur industrielle plus faible que les deux précédents, mais son gluten est, pour cette année, de qualité meilleure.

| DÉSIGNATION. | BLÉ | | |
|---|---|---|---|
| | CHOICE WHITE BOMBAY. | F. A. Q. WHITE KURRACHEE. | CHOICE KURRACHEE. |
| **COMPOSITION DES BLÉS ENTIERS.** | | | |
| Poids moyen d'un grain.......... | 0.047 | 0.038 | 0.032 |
| Constitution du grain. — Amande.......... | 83.95 | 83.29 | 82.64 |
| Germe.......... | 1.65 | 1.69 | 1.78 |
| Enveloppe.......... | 14.40 | 15.02 | 15.58 |
| | 100.00 | 100.00 | 100.00 |
| Eau.......... | 11.74 | 11.86 | 12.05 |
| Matières azotées (1) — Gluten.......... | 8.20 | 6.68 | 6.10 |
| solubles, diastases, etc...... | 1.77 | 1.61 | 1.60 |
| ligneuses de l'enveloppe..... | 1.82 | 2.39 | 1.92 |
| Amidon.......... | 59.64 | 58.50 | 59.92 |
| Matières grasses.......... | 1.61 | 2.29 | 1.98 |
| Hydrates de carbone solubles (2). — Sucre.......... | 1.28 | 1.96 | 1.93 |
| Galactine.......... | 0.52 | 0.67 | 0.67 |
| Autres de l'enveloppe...... | 1.90 | 1.96 | 2.18 |
| Celluloses (1).......... | 9.28 | 10.20 | 9.79 |
| Matières minérales.......... | 1.22 | 1.25 | 1.37 |
| Inconnues et pertes.......... | 0.02 | 0.63 | 0.48 |
| | 100.00 | 100.00 | 100.00 |
| (1) Total des matières azotées.......... | 11.79 | 10.68 | 9.63 |
| (2) Total des hydrates de carbone solubles...... | 3.70 | 4.59 | 4.70 |
| **COMPOSITION DE LA FARINE À 70 P. 100 D'EXTRACTION.** | | | |
| Eau.......... | 11.94 | 11.97 | 11.92 |
| Matières solubles dans l'eau. — Glucose.......... | 0.40 | 0.60 | 0.65 |
| Saccharose.......... | 1.43 | 2.20 | 2.10 |
| Matières azotées, diastases, etc. | 1.37 | 1.15 | 1.15 |
| Galactine.......... | 0.75 | 0.96 | 0.96 |
| Matières minérales.......... | 0.31 | 0.40 | 0.50 |
| Inconnues.......... | " | " | " |
| | 4.26 | 5.30 | 5.36 |

(1) Y compris les débris

| DÉSIGNATION. | BLÉ | | |
| --- | --- | --- | --- |
| | CHOICE WHITE BOMBAY. | P. A. Q. WHITE KURRACHEE. | CHOICE KURRACHEE. |
| **COMPOSITION DE LA FARINE À 70 P. 100 D'EXTRACTION. (Suite.)** | | | |
| Matières insolubles dans l'eau. — Gluten | 9.53 | 8.71 | 7.79 |
| Amidon | 71.90 | 69.99 | 72.58 |
| Matières grasses | 1.26 | 2.04 | 1.30 |
| Matières minérales | 0.30 | 0.20 | 0.22 |
| Cellules et débris | 0.51 | 0.86 | 0.68 |
| Total | 83.50 | 81.80 | 82.57 |
| Total général | 99.80 | 99.07 | 99.85 |
| Inconnues et pertes | 0.20 | 0.93 | 0.15 |
| | 100.00 | 100.00 | 100.00 |
| Composition du gluten. — Gluténine | 33.33 | 34.72 | 28.09 |
| Gliadine | 66.67 | 65.28 | 71.91 |
| | 100.00 | 100.00 | 100.00 |
| $\frac{\text{Gluténine}}{\text{Gliadine}}$ | $\frac{25}{50}$ | $\frac{25}{47}$ | $\frac{25}{64}$ |
| **COMPOSITION DES BAS PRODUITS À 30 P. 100 DE REFUS.** | | | |
| Eau | 11.52 | 11.59 | 11.46 |
| Matières solubles — azotées | 2.70 | 2.15 | 2.42 |
| hydrocarbonées | 6.34 | 6.54 | 7.25 |
| minérales | 1.16 | 1.16 | 1.08 |
| Total | 10.20 | 10.15 | 10.75 |
| Matières insolubles. — Gluten | 5.10 | 1.92 | 2.15 |
| Amidon | 31.03 | 31.67 | 30.38 |
| Matières azotées ligneuses | 6.08 | 7.98 | 6.41 |
| Matières grasses | 2.44 | 2.88 | 3.55 |
| Celluloses [1] | 30.93 | 31.14 | 33.24 |
| Matières minérales | 1.87 | 1.60 | 1.82 |
| Total | 77.05 | 77.18 | 77.55 |
| Total général | 98.77 | 98.92 | 99.76 |
| Inconnues et pertes | 1.23 | 1.08 | 0.24 |
| | 100.00 | 100.00 | 100.00 |

[1] Y compris les débris.

## BLÉS ÉTRANGERS. — ANNÉE 1896. (*Suite.*)

### BLÉS DES INDES.

Pour l'année 1896, c'est encore le blé Choice White Bombay qui occupe le premier rang pour la grosseur du grain; mais la proportion d'amande farineuse est en déficit de près de 2 p. 100 de l'année précédente et de 2.5 p. 100 et 3.3 p. 100 sur les variétés qui l'accompagnent dans les tableaux ci-joints. En général, la quantité d'eau retenue par le blé est plus grande en 1896 qu'en 1895; cette augmentation est surtout très sensible pour le blé Choice White Bombay où elle atteint 14.30 au lieu de 11.74.

Pour l'année 1896, les analyses montrent que les trois blés examinés ont une composition et, par conséquent, une valeur industrielle très voisines. Il est à noter cependant que, à cause de la grande différence d'hydratation qui existe entre le Choice White Bombay et les deux autres blés, c'est encore au premier que revient la première place, ainsi qu'on peut s'en assurer en rapportant les chiffres d'analyse à la matière sèche.

Il est à remarquer aussi que pour 1896 et dans les trois cas, les glutens ont une composition beaucoup plus régulière et beaucoup plus favorable à la qualité.

| DÉSIGNATION. | BLÉ | | |
| --- | --- | --- | --- |
| | CHOICE WHITE BOMBAY. | F. A. Q. WHITE KURRACHEE. | CHOICE KURRACHEE. |
| **COMPOSITION DES BLÉS ENTIERS.** | | | |
| Poids moyen d'un grain.......... | 0.043 | 0.035 | 0.034 |
| Constitution du grain. { Amande.......... | 81.42 | 84.73 | 83.90 |
| { Germe.......... | 1.39 | 1.81 | 1.52 |
| { Enveloppe.......... | 17.19 | 13.46 | 14.58 |
| | 100.00 | 100.00 | 100.00 |
| Eau.......... | 14.30 | 12.85 | 12.57 |
| Matières azotées (1) { Gluten.......... | 6.45 | 5.88 | 6.77 |
| { solubles, diastases, etc..... | 1.42 | 1.33 | 1.55 |
| { ligneuses de l'enveloppe..... | 2.58 | 1.40 | 1.61 |
| Amidon.......... | 57.50 | 60.44 | 59.71 |
| Matières grasses.......... | 1.57 | 1.73 | 2.14 |
| A reporter.......... | 83.82 | 83.63 | 84.35 |
| (1) Total des matières azotées.......... | 10.45 | 8.61 | 9.93 |

**COMPOSITION DES BLÉS ENTIERS. (Suite.)**

| DÉSIGNATION. | BLÉ CHOICE WHITE BOMBAY. | BLÉ F. A. Q. WHITE KURRACHEE. | BLÉ CHOICE KURRACHEE. |
|---|---|---|---|
| Report...... | 83.82 | 83.63 | 84.35 |
| Hydrates de carbone solubles (2) : Sucre... | 1.00 | 1.83 | 1.73 |
| Galactine... | 0.53 | 0.53 | 0.58 |
| Autres de l'enveloppe... | 2.10 | 2.15 | 1.81 |
| Celluloses [1]... | 10.57 | 9.61 | 9.73 |
| Matières minérales... | 1.04 | 1.31 | 1.45 |
| Inconnues et pertes... | 0.94 | 0.94 | 0.35 |
| | 100.00 | 100.00 | 100.00 |
| (2) Total des hydrates de carbone solubles... | 3.63 | 4.51 | 4.12 |

**COMPOSITION DE LA FARINE À 70 P. 100 D'EXTRACTION.**

| DÉSIGNATION. | CHOICE WHITE BOMBAY. | F. A. Q. WHITE KURRACHEE. | CHOICE KURRACHEE. |
|---|---|---|---|
| Eau... | 14.68 | 12.84 | 12.62 |
| Matières solubles dans l'eau. Glucose... | 0.23 | 0.64 | 0.64 |
| Saccharose... | 1.20 | 1.97 | 1.83 |
| Matières azotées, diastases, etc... | 1.25 | 0.98 | 1.19 |
| Galactine... | 0.75 | 0.75 | 0.83 |
| Matières minérales... | 0.27 | 0.34 | 0.36 |
| Inconnues... | 0.32 | 0.14 | 0.25 |
| Total... | 4.02 | 4.82 | 5.10 |
| Matières solubles dans l'eau. Gluten... | 8.16 | 8.00 | 8.06 |
| Amidon... | 70.68 | 71.07 | 71.66 |
| Matières grasses... | 1.32 | 1.54 | 1.44 |
| Matières minérales... | 0.15 | 0.44 | 0.42 |
| Cellules et débris... | 0.54 | 0.46 | 0.56 |
| Total... | 80.85 | 81.51 | 82.14 |
| Total général... | 99.55 | 99.17 | 99.82 |
| Inconnues et pertes... | 0.45 | 0.83 | 0.18 |
| | 100.00 | 100.00 | 100.00 |

[1] Y compris les débris.

MM. Girard et Fleurent.

| DÉSIGNATION. | BLÉ | | |
| --- | --- | --- | --- |
| | CHOICE WHITE BOMBAY. | F. A. Q. WHITE KURRACHEE. | CHOICE KURRACHEE. |
| **COMPOSITION DE LA FARINE À 70 P. 100 D'EXTRACTION.** (*Suite.*) | | | |
| Composition du gluten. Gluténine | 26.04 | 28.40 | 29.07 |
| Gliadine | 73.96 | 71.60 | 70.93 |
| | 100.00 | 100.00 | 100.00 |
| $\dfrac{\text{Gluténine}}{\text{Gliadine}}$ | $\dfrac{25}{71}$ | $\dfrac{25}{63}$ | $\dfrac{25}{61}$ |
| **COMPOSITION DES BAS PRODUITS À 30 p. 100 DE REFUS.** | | | |
| Eau | 13.30 | 12.85 | 12.46 |
| Matières solubles azotées | 1.80 | 2.12 | 2.38 |
| hydrocarbonées | 7.01 | 7.18 | 6.04 |
| minérales | 0.54 | 1.10 | 1.48 |
| Total | 9.35 | 10.40 | 9.90 |
| Matières insolubles. Gluten | 2.47 | 0.93 | 3.75 |
| Amidon | 25.08 | 35.66 | 31.83 |
| Matières azotées ligneuses | 8.61 | 4.66 | 5.38 |
| Matières grasses | 2.17 | 2.15 | 3.77 |
| Celluloses [1] | 35.23 | 30.95 | 31.13 |
| Matières minérales | 1.89 | 1.32 | 1.41 |
| Total | 75.45 | 75.67 | 77.27 |
| TOTAL GÉNÉRAL | 98.10 | 98.92 | 99.63 |
| Inconnues et pertes | 1.90 | 1.08 | 0.37 |
| | 100.00 | 100.00 | 100.00 |

[1] Y compris les débris.

## BLÉS ÉTRANGERS. — ANNÉE 1895. (*Suite.*)

### BLÉ D'AUSTRALIE.

C'est encore à l'obligeance de M. Clarke, secrétaire de la Société royale d'agriculture d'Angleterre, que nous devons cet échantillon de blé d'Australie. Dans ce pays, la production du blé est assez variable, et ce n'est que dans les bonnes années qu'il devient exportateur. La récolte s'y fait en décembre ou janvier et le rendement moyen y atteint 8,5 quintaux seulement à l'hectare.

Le blé que nous avons analysé en 1895 ne présente pas de qualités supérieures à celles des blés français, mais l'année 1894-1895 a, d'après les renseignements qui nous ont été communiqués, été particulièrement pauvre en quantité et qualité. Il nous a été impossible d'obtenir du blé Long-Berried de l'année 1895-1896, car, pendant cette période, l'Australie a dû importer au lieu d'exporter du blé comme l'année précédente.

| DÉSIGNATION. | BLÉ LONG-BERRIED. |
|---|---|
| **COMPOSITION DU BLÉ ENTIER.** | |
| Poids moyen d'un grain | 0.046 |
| Constitution du grain. — Amande | 82.80 |
| Constitution du grain. — Germe | 1.43 |
| Constitution du grain. — Enveloppe | 15.77 |
| | 100.00 |
| Eau | 12.78 |
| Matières azotées (1). — Gluten | 5.93 |
| Matières azotées (1). — solubles, diastases, etc | 1.65 |
| Matières azotées (1). — ligneuses de l'enveloppe | 2.16 |
| Amidon | 59.95 |
| Matières grasses | 1.67 |
| Hydrates de carbone solubles (2). — Sucre | 1.64 |
| Hydrates de carbone solubles (2). — Galactine | 0.63 |
| Hydrates de carbone solubles (2). — Autres de l'enveloppe | 2.32 |
| Celluloses (1) | 9.70 |
| Matières minérales | 1.48 |
| Inconnues et pertes | " |
| | 100.00 |
| (1) Total des matières azotées | 9.74 |
| (2) Total des hydrates de carbone solubles | 4.59 |
| **COMPOSITION DE LA FARINE À 70 P. 100 D'EXTRACTION.** | |
| Eau | 12.74 |
| Matières solubles dans l'eau. — Glucose | 0.41 |
| Matières solubles dans l'eau. — Saccharose | 1.94 |
| Matières solubles dans l'eau. — Matières azotées, diastases, etc | 1.14 |
| A reporter | 3.49 |

(1) Y compris les débris.

7.

| DÉSIGNATION. | BLÉ LONG-BERRIED. |
|---|---|
| **COMPOSITION DE LA FARINE À 70 P. 100 D'EXTRACTION.** (*Suite.*) | |
| Report.......................................... | 3.49 |
| Matières solubles dans l'eau. (*Suite.*) — Galactine...................... | 0.90 |
| Matières minérales............ | 0.33 |
| Inconnues....................... | " |
| Total................... | 4.72 |
| Matières insolubles dans l'eau. — Gluten................ | 7.52 |
| Amidon................ | 72.96 |
| Matières grasses........ | 1.10 |
| Matières minérales....... | 0.21 |
| Cellules et débris........ | 0.31 |
| Total................... | 82.10 |
| Total général............... | 99.56 |
| Inconnues et pertes........................ | 0.44 |
| | 100.00 |
| Composition du gluten. — Gluténine................ | 20.16 |
| Gliadine................ | 79.84 |
| | 100.00 |
| Gluténine | 25 |
| Gliadine | 99 |
| **COMPOSITION DES BAS PRODUITS À 30 P. 100 DE REFUS.** | |
| Eau............................................ | 12.44 |
| Matières solubles — azotées.................... | 2.84 |
| hydrocarbonées............. | 7.73 |
| minérales.................. | 1.50 |
| Total................... | 12.07 |
| Matières insolubles. — Gluten................ | 2.24 |
| Amidon................ | 29.59 |
| Matières azotées ligneuses...... | 7.20 |
| Matières grasses........ | 3.00 |
| Celluloses [1]............ | 31.59 |
| Matières minérales....... | 1.51 |
| Total................... | 75.13 |
| Total général............... | 99.64 |
| Inconnues et pertes........................ | 0.36 |
| | 100.00 |

[1] Y compris les débris.

## IV

CONCLUSIONS GÉNÉRALES.

L'étude des tableaux précédents permet de formuler certaines conclusions qu'on peut ranger en deux catégories bien distinctes : 1° conclusions tirées des résultats d'analyse au point de vue scientifique pur; 2° conclusions rentrant dans le domaine économique et ayant trait principalement aux rapports existants entre l'agriculture et l'industrie meunière.

Nous allons développer successivement ces deux catégories de faits.

RELATION EXISTANT ENTRE LES PROPORTIONS DE MATIÈRES AZOTÉES ET HYDROCARBONÉES CONTENUES DANS L'ALBUMEN DU GRAIN DE BLÉ.

1° Gluten et amidon.

Les divers chimistes qui se sont occupés jusqu'ici de l'analyse des blés ont formulé la proposition énoncée ci-dessus de la façon générale suivante : Les blés les plus riches en matières azotées sont aussi les plus pauvres en amidon.

Cette affirmation, vraie sous son aspect le plus absolu, mérite cependant d'être expliquée en tenant compte de certaines distinctions nécessaires. D'une part, en effet, dans les diverses analyses poursuivies antérieurement à nos travaux, l'amidon était dosé par différence et supportait ainsi, comme l'un de nous l'a montré, le poids d'une partie des celluloses (7 à 9 p. 100 au moins); d'autre part, dans ces mêmes analyses, il n'est fait aucune distinction entre les diverses matières azotées solubles, gluten et ligneuses de l'enveloppe; elles sont dosées en bloc par la détermination de l'azote total et nous avons montré combien, au point de vue industriel, cette détermination seule était insuffisante. La méthode que nous avons adoptée nous a permis, au contraire, de doser séparément les diverses matières azotées et hydrocarbonées de l'albumen et de l'enveloppe du grain de blé, et de calculer, ainsi qu'on va le voir, les rapports qui existent entre elles.

En ce qui concerne les quantités de matières hydrocarbonées et azotées insolubles, c'est-à-dire d'amidon et de gluten contenues dans l'albumen, on peut examiner les tableaux précédents sous deux points de vue : 1° au point de vue de la farine à 70 p. 100 d'extraction; 2° au point de vue de blé entier.

Cet examen peut être fait aussi séparément pour les blés français et pour les blés étrangers. Les premiers, en effet, sont toujours plus humides; la proportion d'eau qu'ils contiennent descend rarement au-dessous de 14 p. 100 et dépasse souvent 15 p. 100; on peut admettre ainsi comme moyenne 14.5 p. 100; les blés étrangers, au contraire, on y comprenant les blés d'Algérie, sont moins riches en eau et le taux moyen d'humidité qu'ils contiennent peut être fixé à 12.5 p. 100 environ.

Si, pour les blés français, on fait la somme du gluten et de l'amidon contenus dans la farine à 70 p. 100, on voit que, sans tenir compte de la quantité d'eau variable pour chaque blé, cette somme descend rarement au-dessous de 78.5 et dépasse rarement 80. Il y a donc lieu de tirer de ce fait la conclusion que cette somme est représentée par un nombre constant.

Pour les blés étrangers, cette somme est un peu supérieure : elle ne descend presque jamais à 79.20 et dépasse rarement 81. La conclusion précédente s'applique donc également aux blés étrangers et elle apparaît d'une façon absolument nette, si, comme on le voit dans les tableaux suivants, on calcule la somme indiquée par région, pour les années 1895 et 1896, en rapportant la composition de chaque blé à 14.5 p. 100 d'eau pour les blés français, à 12.5 p. 100 pour les blés étrangers.

### FARINE À 70 P. 100.

#### BLÉS FRANÇAIS.

*Somme gluten et amidon.*

| | HUMIDITÉ. | | SOMME. | |
|---|---|---|---|---|
| | 1895. | 1896. | 1895. | 1896. |
| Région du Nord | 14.77 | 14.42 | 79.16 | 79.21 |
| — des environs de Paris | 14.51 | 14.27 | 79.72 | 79.85 |
| — de l'Est | 14.60 | 13.74 | 79.50 | 80.03 |
| — de l'Ouest | 14.44 | 13.97 | 79.84 | 80.12 |
| — du Sud-Ouest | 13.99 | 13.04 | 80.35 | 80.70 |

*Somme moyenne rapportée à 14.5 p. 100 d'eau.*

| | 1895. | 1896. |
|---|---|---|
| Région du Nord | 79.41 | 79.14 |
| — des environs de Paris | 79.72 | 79.63 |
| — de l'Est | 79.59 | 79.41 |
| — de l'Ouest | 79.78 | 79.64 |
| — du Sud-Ouest | 79.85 | 79.35 |

*Moyenne générale.*

| | |
|---|---|
| Année 1895 | 79.67 |
| — 1896 | 79.42 |
| Moyenne des deux années | 79.54 |

### FARINE À 70 P. 100.

#### BLÉS ÉTRANGERS.

*Somme gluten et amidon.*

| | HUMIDITÉ. | | SOMME. | |
|---|---|---|---|---|
| | 1895. | 1896. | 1895. | 1896. |
| Russie | 12.19 | 12.59 | 80.27 | 80.52 |
| Algérie | 13.19 | 12.62 | 80.74 | 80.68 |
| Etats-Unis | 11.78 | 12.90 | 80.87 | 80.21 |
| Roumanie | » | 12.69 | » | 79.91 |
| Indes | 11.94 | 13.38 | 80.16 | 79.21 |
| Australie | 12.74 | » | 80.48 | » |

*Somme moyenne rapportée à 12.5 p. 100 d'eau.*

|  | 1895. | 1896. |
|---|---|---|
| Russie | 80.00 | 80.59 |
| Algérie | 81.38 | 80.78 |
| États-Unis | 80.21 | 80.58 |
| Roumanie | » | 80.09 |
| Indes | 79.66 | 80.01 |
| Australie | » | 80.68 |

*Moyenne générale.*

| | |
|---|---|
| Année 1895 | 79.96 |
| — 1896 | 80.41 |
| Moyenne des deux années | 80,18 |

Ces tableaux, ainsi qu'on le voit, sont très explicites; ils montrent, aussi bien pour les blés français que pour les blés étrangers, que, en tenant compte du degré d'hydratation, la somme du gluten et de l'amidon est un nombre constant, égal à 79.5 environ pour les blés français, à 14.5 p. 100 d'humidité et à 80.20 pour les blés étrangers à 12.5 p. 100 d'eau.

Si on rapporte ces résultats à la matière sèche, on voit que cette somme devient 93.02 pour les blés français et 91.60 pour les blés étrangers; elle est donc, pour ces derniers, plus faible de 1.4 p. 100.

On peut aussi calculer la même somme pour le blé entier ou pour l'amande entière, en tenant compte, dans ce dernier cas, des proportions d'enveloppe et de germe contenus dans chaque variété. Les tableaux suivants rendent compte des résultats obtenus dans cette voie.

### BLÉ ENTIER ET ALBUMEN.

#### FRANCE.

*Somme gluten et amidon.*

| VARIÉTÉS. | EAU P. 100. | ALBUMEN P. 100. | GLUTEN et AMIDON. | A 14.5 P. 100 D'EAU. | | GLUTEN et AMIDON. P. 100 D'ALBUMEN à 14.5 p. 100 d'eau. |
|---|---|---|---|---|---|---|
| | | | | ALBUMEN P. 100. | GLUTEN et AMIDON. | |
| Blé riz (1895) | 13.83 | 83.47 | 66.00 | 82.82 | 65.50 | 79.08 |
| Blé d'Aignay-le-Duc (1895) | 14.98 | 81.75 | 64.17 | 82.21 | 64.53 | 78.65 |
| Blé Dattel (Eure-et-Loir) [1895] | 13.68 | 85.10 | 67.32 | 84.29 | 66.68 | 79.10 |
| Blé des Landes (1895) | 13.83 | 82.13 | 66.00 | 81.53 | 65.50 | 80.30 |
| Blé Chicot (1896) | 14.30 | 80.58 | 64.18 | 80.40 | 64.04 | 79.65 |
| Blé rouge prime et Saint-Laud (1896) | 13.59 | 82.64 | 65.36 | 81.78 | 64.68 | 79.08 |
| Blé de pays (Châteaubriant) [1896] | 13.08 | 84.18 | 67.24 | 82.81 | 66.15 | 79.76 |
| Blé blanc (Charente-Inférieure) [1896] | 12.94 | 84.25 | 67.15 | 82.75 | 65.90 | 79.64 |
| Blé blanc de Flandre | 12.90 | 84.37 | 67.28 | 82.82 | 66.04 | 79.78 |
| Blé de Sennevoy | 12.49 | 84.02 | 67.29 | 82.10 | 65.76 | 80.09 |

Nous avons choisi, ainsi qu'on le voit, pour chacune des années 1895 et 1896, les blés présentant entre eux les différences les plus grandes au point de vue de la teneur en eau et en albumen. La dernière colonne du tableau précédent montre que l'albumen entier présente la même particularité que la farine à 70 p. 100 d'extraction. La somme, gluten et amidon, ne dépasse pas 80.30 p. 100 et ne descend pas au-dessous de 78.50; dans presque tous les cas, elle tend vers un chiffre un peu supérieur à 79, et on peut admettre encore que le nombre constant vers lequel elle tend à se fixer est égal à 79.50.

Pour le blé entier, cette somme subit bien entendu quelques fluctuations suivant la richesse plus ou moins grande en albumen; cette richesse varie de 80.4 à 84.30 pour 14.5 p. 100 d'eau, la somme gluten et amidon variant dans les mêmes conditions de 64.04 à 66.68. Si on admet comme proportion moyenne d'albumen à 14.5 p. 100 d'eau, le chiffre 82.5, on peut considérer que, pour le blé entier, la somme gluten et amidon est sensiblement fixe et égale à 65.50 p. 100.

## BLÉ ENTIER ET ALBUMEN.

### ÉTRANGER.

*Somme gluten et amidon.*

| VARIÉTÉS. | EAU<br>P. 100. | ALBUMEN<br>P. 100. | GLUTEN<br>et<br>AMIDON. | À 12.5 P. 100 D'EAU. | | GLUTEN<br>et<br>AMIDON.<br>P. 100.<br>D'ALBUMEN<br>à 12.5 p. 100<br>d'eau. |
|---|---|---|---|---|---|---|
| | | | | ALBUMEN<br>P. 100. | GLUTEN<br>et<br>AMIDON. | |
| Choice Kurrachee (1895)............ | 12.05 | 82.64 | 66.02 | 82.22 | 65.68 | 79.89 |
| Blé de Blidah (1895)............. | 13.66 | 81.93 | 65.30 | 83.03 | 66.18 | 79.70 |
| Blé d'Australie (1895)........... | 12.78 | 82.80 | 65.88 | 83.06 | 66.09 | 79.57 |
| Pologne 1ʳᵉ qualité (1895)........ | 11.52 | 83.41 | 66.97 | 82.49 | 66.23 | 80.28 |
| Sandomirka de Pologne (1896).. | 12.52 | 82.31 | 65.72 | ″ | ″ | 79.85 |
| Ghirka d'Alexandrewsk (1896)... | 12.57 | 81.47 | 64.93 | 81.53 | 64.98 | 79.70 |
| Blé roumain (Roman) [1896]... | 12.50 | 83.40 | 65.68 | ″ | ″ | 78.75 |
| Choice Kurrachee (1896)........ | 12.57 | 83.90 | 66.48 | 83.96 | 66.53 | 79.25 |
| Blé de Californie (1896)........ | 12.94 | 82.36 | 65.74 | 82.77 | 66.07 | 79.82 |
| Tuzelle barbue d'Oran (1896).... | 12.21 | 82.70 | 66.11 | 82.43 | 65.91 | 79.96 |

Ce tableau montre donc que les blés étrangers à 12.50 p. 100 d'eau présentent la même particularité que les blés français à 14.50 p. 100. Pour l'albumen entier, la somme gluten et amidon tend vers le nombre constant 79.70; pour le blé entier cette somme s'abaisse à 66 p. 100 environ.

## RÉCAPITULATION.

*Somme gluten et amidon.*

BLÉS FRANÇAIS À 14.5 P. 100 D'EAU.

Farine à 70 p. 100............................................... 79.50
Albumen entier.................................................. 79.50
Blé entier..................................................... 65.50

BLÉS ÉTRANGERS À 12.5 P. 100 D'EAU.

Farine à 70 p. 100............................................... 80.20
Albumen entier.................................................. 79.70
Blé entier..................................................... 66.00

Les résultats précédents permettent de déterminer par différence, avec une approximation suffisante pour l'industrie, les proportions d'amidon ou de gluten contenus dans une farine ou un blé donné, lorsque la proportion d'un de ces éléments est connue. Ils permettent, dès maintenant, de prévoir, dans certains cas, des simplifications analytiques importantes, sur lesquelles l'un d'entre nous reviendra dans un travail ultérieur.

*2° Sucres et matières azotées solubles.*

En ce qui concerne les sucres et les matières azotées solubles contenues dans l'albumen des blés français et étrangers, il est facile de montrer, à l'aide des tableaux précédents, que leur somme est, pour chaque cas, très voisine d'un chiffre fixe, et qu'elle est donc, comme pour le gluten et l'amidon, sensiblement constante. Nous ferons remarquer, toutefois, qu'on ne saurait demander au calcul auquel nous faisons allusion une exactitude absolue; d'une part, en effet, à l'inverse de ce qui se passait tout à l'heure pour le gluten et l'amidon qui étaient pesés à l'état brut, la quantité de sucre est obtenue par une méthode de dosage dont la sensibilité, si elle est suffisante, n'est pas cependant à l'abri de toute critique, et les matières azotées sont calculées à l'aide d'un coefficient (6.25) dont la valeur, ainsi qu'on le sait, est loin d'être constante; d'autre part, dans certains cas, par suite du travail interne qui peut s'opérer, pendant la conservation, entre l'amidon, les diastases et les acides qui prennent naissance, la quantité de matière réductrice peut augmenter dans certaines proportions et forcer ainsi de quelques dixièmes le dosage des sucres. C'est ainsi qu'à cause de son mauvais état de conservation nous avons dû rejeter le blé d'Altkirch de 1896, et que, comme on peut s'en rendre compte pour les blés du Nord, alors que pour 1895 et 1896, la quantité des matières azotées solubles varie fort peu, la proportion des sucres est plus élevée en général en 1895, l'acidité, pour cette année, ayant aussi elle-même considérablement augmenté [1]. ...............

(1) Nous n'avons pas donné, dans les tableaux précédents, les chiffres relatifs à l'acidité de la farine à 70 p. 100 à laquelle nous faisons allusion, l'un de nous reviendra sur ce sujet dans un prochain travail; il y a lieu, en effet, de faire dès maintenant quelques restrictions sur ce qu'on désigne par ce mot *acidité*, dans le cas particulier des farines.

Cés restrictions étant faites, les tableaux suivants donnent connaissance des résultats trouvés pour la somme des sucres et des matières azotées solubles.

BLÉS FRANÇAIS.

FARINE À 70 P. 100.

*Somme sucre et matières azotées solubles.*

| RÉGION DU NORD. | | ENVIRONS DE PARIS. | | RÉGION DE L'EST. | | RÉGION DE L'OUEST. | | RÉGION DU SUD-OUEST. | |
|---|---|---|---|---|---|---|---|---|---|
| 1895. | 1896. | 1895. | 1896. | 1895. | 1896. | 1895. | 1896. | 1895. | 1896. |
| 2.92 | 3.14 | 2.17 | 2.38 | 2.78 | 2.89 | 2.35 | 2.71 | 2.92 | 2.64 |
| 2.87 | 2.59 | 2.27 | 2.42 | 2.38 | " | 2.63 | 2.38 | 2.37 | 3.07 |
| 2.59 | 3.44 | 3.48 | 2.30 | 2.64 | 2.69 | 1.95 | 1.96 | 2.71 | |
| 2.83 | 3.41 | 2.61 | 2.55 | 2.92 | 3.01 | 2.73 | 2.41 | | |
| 2.35 | 2.97 | 2.92 | 2.58 | 2.12 | 2.98 | 2.20 | 2.73 | | |
| | | 2.22 | | 2.50 | 2.97 | 2.94 | 2.73 | | |
| | | 2.85 | | 3.01 | 3.02 | 2.95 | 2.70 | | |
| | | | | 2.61 | 2.44 | 2.57 | 2.59 | | |
| | | | | 2.10 | 2.70 | 2.97 | | | |
| | | | | 3.28 | 2.46 | 2.68 | | | |

*Moyennes.*

| | | 1895. | 1895. |
|---|---|---|---|
| Région du Nord.... | Humidité moyenne. | 14.77 | 14.42 |
| | Somme moyenne. | 2.71 | 3.11 |
| Euvirons de Paris... | Humidité moyenne. | 14.51 | 14.27 |
| | Somme moyenne. | 2.64 | 2.44 |
| Région de l'Est..... | Humidité moyenne. | 14.60 | 13.83 |
| | Somme moyenne. | 2.63 | 2.79 |
| Région de l'Ouest... | Humidité moyenne. | 14.44 | 13.97 |
| | Somme moyenne. | 2.54 | 2.51 |
| Région du Sud-Ouest. | Humidité moyenne. | 13.99 | 13.04 |
| | Somme moyenne. | 2.66 | 2.85 |

*Moyennes rapportées à la farine à 14.50 p. 100 d'eau.*

| | 1895. | 1896. |
|---|---|---|
| Région du Nord. | 2.79 | 3.09 |
| Environs de Paris. | 2.64 | 2.38 |
| Région de l'Est. | 2.65 | 2.57 |
| Région de l'Ouest. | 2.50 | 2.36 |
| Région du Sud-Ouest. | 2.52 | 2.38 |
| MOYENNE générale (en laissant le Nord de côté).. | 2.58 | 2.42 |
| MOYENNE dés deux années. | | 2.50 p. 100 |

Nous ne calculons, bien entendu, cette somme que pour la farine à 70 p. 100; dans les bas produits, en effet, nous n'avons pas dosé les sucres séparément à cause de la perturbation apportée dans ce dosage par l'introduction des matières hydrocarbonées solubles de l'enveloppe, mais il est à peu près certain que, de même que cela se passe pour le gluten et l'amidon, la somme sucres et matières azotées solubles est sensiblement constante pour l'albumen entier.

Voici maintenant les résultats obtenus pour la même somme, calculée d'après les analyses des blés étrangers, en y comprenant les blés d'Algérie.

### BLÉS ÉTRANGERS.

#### FARINE À 70 P. 100.

*Somme sucre et matière azotée soluble.*

| RUSSIE. | | ALGÉRIE. | | ÉTATS-UNIS. | | ROUMANIE. | INDES. | | AUSTRALIE. |
| --- | --- | --- | --- | --- | --- | --- | --- | --- | --- |
| 1895. | 1896. | 1895. | 1896. | 1895. | 1896. | 1896. | 1895. | 1896. | 1895. |
| 3.60 | 2.99 | 3.18 | 3.53 | 3.68 | 2.96 | 3.74 | 3.20 | 2.68 | 3.49 |
| 3.23 | 2.99 | 3.12 | 3.46 | | 3.71 | 3.87 | 3.95 | 3.59 | |
| 3.78 | 2.95 | | 2.88 | | 3.12 | 3.22 | 3.90 | 3.66 | |
| 3.78 | 3.19 | | 3.33 | | | 3.45 | | | |
| 3.54 | 3.55 | | 3.05 | | | | | | |
| 3.65 | 3.33 | | | | | | | | |
| 3.74 | 3.66 | | | | | | | | |
| 3.76 | 2.93 | | | | | | | | |

*Moyennes.*

| | | 1895. | 1896. |
| --- | --- | --- | --- |
| Russie. | { Humidité moyenne. | 12.19 | 12.59 |
| | { Somme moyenne. | 3.63 | 3.19 |
| Algérie. | { Humidité moyenne. | 13.19 | 12.62 |
| | { Somme moyenne. | 3.15 | 3.25 |
| États-Unis. | { Humidité moyenne. | 11.78 | 12.90 |
| | { Somme moyenne. | 3.68 | 3.26 |
| Roumanie. | { Humidité moyenne. | " | 12.69 |
| | { Somme moyenne. | " | 3.57 |
| Indes. | { Humidité moyenne. | 11.94 | 13.38 |
| | { Somme moyenne. | 3.68 | 3.31 |
| Australie. | { Humidité moyenne. | 12.74 | " |
| | { Somme moyenne. | 3.49 | " |

*Moyennes rapportées à la farine à 70 p. 100 à 12.50 p. 100. d'humidité.*

|  | 1895. | 1896. |
|---|---|---|
| Russie | 3.50 | 3.16 |
| Algérie | 3.39 | 3.21 |
| États-Unis | 3.38 | 3.41 |
| Roumanie | " | 3.62 |
| Indes | 3.45 | 3.64 |
| Australie | 3.58 | " |
| Moyenne générale | 3.46 | 3.41 |
| Moyenne des deux années | 3.435 p. 100 | |

Des tableaux précédents, et en examinant tous les chiffres comparativement à la moyenne calculée, on peut conclure que, dans le cas des blés français et étrangers, la somme sucre et matières azotées solubles, pour la farine à 70 p. 100, tend vers un chiffre constant égal à 2.50 pour les premiers, égal à 3.435 pour les derniers.

Si on rapporte ces résultats à la matière sèche, ils deviennent 2.92 pour les blés français, 3.93 pour les blés étrangers; la somme est donc supérieure de 1 p. 100 environ en faveur de ces derniers. Or nous avons montré précédemment que, pour les blés étrangers, la somme gluten et amidon, calculée pour la matière sèche, était inférieure de 1.4 p. 100 environ sur la même somme calculée pour les blés français. On voit donc que cette augmentation de 1 p. 100 de la somme sucre et matières azotées solubles en faveur des blés étrangers, rétablit à peu près l'équilibre de la relation qui existe, dans l'albumen, pour les blés de provenances diverses, entre les matières hydrocarbonées et azotées, solubles et insolubles.

Il était intéressant de voir si des relations analogues aux précédentes existaient dans l'enveloppe du grain de blé. Il n'en est rien. Si on rapporte, par exemple, à 100 parties d'enveloppe, pour les différents blés, la somme des matières hydrocarbonées et azotées ligneuses insolubles, on trouve que, dans un grand nombre de cas, cette somme oscille entre 69 et 71, mais dans d'autres cas, le chiffre qui la représente s'abaisse à 64.6, 65.6, 63 même, montrant ainsi que les rapports établis pour la partie interne du grain, n'existent pas pour la partie externe.

RAPPORT EXISTANT ENTRE LA QUANTITÉ DE GLUTEN,

LA QUANTITÉ DE MATIÈRES AZOTÉES TOTALES ET LA GROSSEUR OU LE POIDS MOYEN DU GRAIN.

Si on fait une étude attentive, par région et par pays, des tableaux d'analyse qui accompagnent ce mémoire, on remarque que la supériorité de la richesse en gluten et en matières azotées totales est acquise aux grains les plus petits, c'est-à-dire à ceux dont le poids moyen de l'unité est le plus faible. La différence sensible qui existe entre les blés français et les blés russes est, à ce sujet, très caractéristique; les premiers, en effet, dont le poids moyen du grain varie de 40 à 56 milligrammes, ne contiennent que de 6 à 7.3 p. 100 de gluten, tandis que les seconds n'ont qu'un poids moyen égal à la moitié (21 à 35 milligrammes) pour une richesse en gluten égale à 9.6-10 p. 100.

Il nous a paru intéressant de rechercher, pour tous les cas où nous avons eu, en 1896 et par rapport à 1895, une augmentation ou une diminution sensible du poids moyen du grain, l'influence que cette augmentation et cette diminution apportent dans la teneur en gluten et en matières azotées totales de la variété envisagée. Le tableau suivant rend compte de nos observations.

| | | POIDS MOYEN du grain. | GLUTEN. | MATIÈRES AZOTÉES totales. |
|---|---|---|---|---|
| Blé blanc de Bergues | 1895 | 44ᵐᵐᵍʳ | 5.91 | 9.86 |
| | 1896 | 39 | 6.45 | 9.68 |
| Blé de Saint-Pol | 1895 | 45 | 6.35 | 10.13 |
| | 1896 | 40 | 7.40 | 10.92 |
| Blé de Bordeaux (Seine-et-Oise) | 1895 | 51 | 6.64 | 9.74 |
| | 1896 | 49 | 7.69 | 11.06 |
| Blé Goldendrop (Seine-et-Oise) | 1895 | 51 | 5.53 | 9.26 |
| | 1896 | 44 | 5.64 | 9.32 |
| Victoria doré (Seine-et-Marne) | 1895 | 44 | 5.51 | 9.42 |
| | 1896 | 47 | 4.99 | 7.93 |
| Blé de Pel et Der | 1895 | 46 | 8.66 | 13.05 |
| | 1896 | 52 | 7.99 | 11.73 |
| Blé de Louesmes (Côte-d'Or) | 1895 | 37 | 6.74 | 10.25 |
| | 1896 | 42 | 6.72 | 10.12 |
| Blé de Blidah | 1895 | 34 | 9.43 | 12.35 |
| | 1896 | 42 | 8.66 | 12.13 |
| Blé Dattel (Eure-et-Loir) | 1895 | 49 | 7.32 | 10.16 |
| | 1896 | 45 | 7.69 | 11.27 |
| Blé Chicot (Orne) | 1895 | 50 | 6.32 | 9.58 |
| | 1896 | 45 | 6.33 | 10.18 |
| Blé riz | 1895 | 48 | 8.33 | 12.34 |
| | 1896 | 56 | 7.48 | 10.94 |
| Blé Tacon | 1895 | 53 | 6.52 | 10.30 |
| | 1896 | 47 | 5.70 | 8.88 |
| Blé blanc (Charente-Inférieure) | 1895 | 51 | 6.76 | 9.93 |
| | 1896 | 46 | 6.99 | 10.14 |
| Blé rouge (Charente-Inférieure) | 1895 | 51 | 6.53 | 11.27 |
| | 1896 | 44 | 6.57 | 10.28 |
| Choice white Bombay | 1895 | 47 | 8.20 | 11.79 |
| | 1896 | 43 | 6.45 | 10.45 |
| Blé de Bordeaux (Seine-et-Marne et Eure-et-Loir) | 1895 | 56 | 6.72 | 9.90 |
| | 1896 | 47 | 8.92 | 12.92 |

L'examen du tableau précédent montre qu'en général, d'une année sur l'autre et pour la même variété, lorsque le poids moyen du grain augmente, la quantité de gluten et des matières azotées totales diminue.

Le tableau suivant confirme d'ailleurs l'observation précédente. Sur les blés de l'année 1896 qui nous ont été expédiés de Russie, nous avons prélevé une partie des échantillons soumis à l'analyse que nous avons ensemencée à la ferme de M. Tétard à Gonesse; nous aurons l'occasion de revenir plus tard sur cet essai, mais, voici, pour le moment, les rapports que nous avons constatés, entre les proportions de gluten et le poids moyen du grain, pour les blés semés et récoltés en 1898.

| | | POIDS MOYEN du grain. | FARINE à 70 p. 100. GLUTEN. |
|---|---|---|---|
| Blé de Pologne | 1896 | 3o$^{mmgr}$ | 12.53 |
| | 1898 | 34 | 9.54 |
| Blé rouge de Bessarabie | 1896 | 33 | 11.25 |
| | 1898 | 35 | 9.74 |
| Sandomirka de Pologne | 1896 | 26 | 8.20 |
| | 1898 | 39 | 9.58 |
| Oulka du Dnieper | 1896 | 22 | 10.48 |
| | 1898 | 39 | 9.82 |
| Ghirka d'Alexandrewsk | 1896 | 22 | 11.11 |
| | 1898 | 37 | 9.58 |
| Blé d'hiver d'Odessa | 1896 | 26 | 13.68 |
| | 1898 | 32 | 10.04 |
| Ghirka d'Odessa | 1896 | 23 | 13.18 |
| | 1898 | 34 | 9.83 |
| Oulka de Kherson | 1896 | 27 | 12.36 |
| | 1898 | 37 | 9.86 |

Dans les deux tableaux précédents, on ne trouvera que deux cas qui soient en dehors de la règle que nous avons posée précédemment; l'un est relatif au blé Sandomirka de Pologne que nous avons récolté nous-mêmes, l'autre appartient au blé Choïce White Bombay. Pour ce dernier blé, nous ferons remarquer que la comparaison est à peu près sans valeur, car les échantillons ayant été pris sur le marché, il est certain que le grain analysé en 1896 ne provient pas de la semence du blé analysé en 1895 et qu'il n'y a pas de rapport à établir entre le poids moyen du grain de l'un et de l'autre.

DE LA RICHESSE EN GLIADINE ET GLUTÉNINE DES DIFFÉRENTS BLÉS<br>
ET DU RAPPORT QUI EXISTE ENTRE CETTE RICHESSE ET LA TENEUR EN GLUTEN.

Si on examine les tableaux d'analyse au point de vue de la richesse en gliadine des blés français et étrangers, on est frappé de ce fait, déjà démontré par l'un d'entre nous et qui reçoit ici par conséquent une confirmation nouvelle, que, pour une même année, la composition du gluten des différents blés est très variable et qu'il n'existe pas de loi dans laquelle cette composition puisse être enfermée. On rencontre, en effet, des blés dont le gluten contient un très grand excès de gliadine, à côté de blés présentant le défaut contraire, c'est-à-dire un excès de gluténine.

Il est cependant, au point de vue industriel, deux remarques très importantes à noter : la première, c'est que ces variations se rencontrent aussi bien parmi les blés très riches en gluten, comme les blés russes, que les blés beaucoup moins riches en cet élément, comme les blés français; il s'ensuit, par conséquent, que les uns et les autres ont, quant à la teneur en gliadine et gluténine, une similitude complète; la seconde c'est que, aussi bien en France qu'à l'étranger, les blés contenant un excès de gluténine sont les plus nombreux.

Il existe cependant, en France, une région où l'on rencontre, plus que partout ailleurs, des blés riches en gliadine; cette région est celle des environs de Paris. La région du Nord présente aussi parfois cette particularité. Cette observation résulte des analyses qu'on trouvera précédemment, et divers meuniers, qui, depuis quelque temps déjà se livrent à des mélanges rationnels de blé avant mouture, nous ont fait part de la même remarque en ce qui concerne les environs de Paris.

Il s'ensuit que, pour le meunier, la plus grande difficulté à surmonter, dans la plupart des cas, sera de se procurer des blés dont la teneur en gliadine sera suffisante pour opérer des mélanges dans lesquels le résultat final aboutira, pour la composition du gluten, au rapport favorable 25/75. Aussi nous ne pensons pas que ce soit ainsi que la question doit être envisagée. Pour nous, et tant que nous ne saurons pas produire à volonté des blés riches en gliadine ou en gluténine, l'obtention du rapport 25/75 est le desideratum vers lequel le meunier doit essayer de se rapprocher le plus possible dans tous les cas; et il est facile de montrer que, dans l'état actuel des choses, ce rapprochement n'est pas impossible.

Examinons, par exemple, ce qui aurait pu se passer chez un meunier ayant à moudre à la fois tous les blés de la région de l'Est. En 1895, il est facile de se rendre compte que sur les dix blés analysés, trois seulement, les blés d'Altkirch, de Louesmes (Haute-Marne) et blanc de Bresse, contenant de 73 à 74 p. 100 de gliadine, auraient pu supporter séparément la mouture pour donner une farine à 70 p. 100 de qualité boulangère convenable. Dans ces cas, et en tenant compte des observations présentées précédemment, la farine à 60 p. 100 aurait été parfaite. Mais tous les autres blés, au nombre de sept, auraient donné des produits défectueux. Or, un simple calcul montre que, en opérant le mélange le plus simple, c'est-à-dire en parties égales de tous ces blés, la farine à 70 p. 100 aurait contenu un gluten dans lequel la proportion de gliadine atteignant 70 p. 100 aurait ainsi relevé, dans des proportions notables, les qualités boulangères des sept blés reconnus par l'examen analytique comme tout à fait inférieurs.

Pour la même région, en 1896, quatre blés sur neuf, le blé de Louesmes (Côte-d'Or), de Sennevoy, Mouton (Côte-d'Or) et rouge barbu, auraient donné, séparément, à la mouture une farine à 70 p. 100 de bonne qualité. Cinq blés auraient au contraire donné des produits très inférieurs. Or, le calcul montre encore que le mélange en parties égales de ces neuf blés aurait produit un gluten contenant 70.5 p. 100 de gliadine, c'est-à-dire, de quantité sinon parfaite, mais tout au moins très acceptable et, dans tous les cas, très supérieure à celui contenu dans les cinq blés reconnus comme défectueux.

Le même examen, étendu à toutes les régions, conduirait à des conclusions analogues.

On remarquera que, dans ce raisonnement, nous ne tenons pas compte de la quantité de gluten; c'est qu'en effet, si la nécessité d'en relever le taux dans les blés d'une région quelconque se fait sentir, et si pour cela on emploie des blés étrangers et notamment des blés russes, ce que nous avons dit tout à l'heure sur la composition du gluten de ces blés montre que cette association ne change en rien les bases de notre calcul.

Des analyses contenues dans les tableaux précédents, il nous paraît qu'au point de vue des rapports existants, pour la même variété et d'une année sur l'autre, entre les quantités de gluten, de gliadine et de gluténine, on peut dégager une loi générale qui est la suivante : Pour la même variété et dans les mêmes conditions de culture, si le grain récolté contient plus de gluten que la semence, ce gluten est lui-même plus riche en gluténine et par conséquent moins riche en gliadine que le gluten de cette semence.

Le tableau suivant rend compte de cette observation pour un certain nombre de cas.

| | | GLUTEN. | rapport $\dfrac{\text{DÉNOMINATEUR du Gluténine}}{\text{Gliadine}}$ |
|---|---|---|---|
| Blé de Pel et Der................... | 1895.............. | 10.68 | 39 |
| | 1896.............. | 9.38 | 43 |
| Blé de Louesmes (Haute-Marne)..... | 1895.............. | 8.17 | 68 |
| | 1896.............. | 8.88 | 39 |
| Blé de Louesmes (Côte-d'Or)........ | 1895.............. | 7.60 | 101 |
| | 1896.............. | 8.20 | 73 |
| Blé d'Aignay-le-Duc................ | 1895.............. | 5.75 | 53 |
| | 1896.............. | 8.80 | 40 |
| Blé de Blidah (Algérie)............. | 1895.............. | 11.36 | 55 |
| | 1896.............. | 10.40 | 69 |
| Blé blanc de Bergues (Pas-de-Calais).. | 1895.............. | 7.02 | 83 |
| | 1896.............. | 8.18 | 33 |
| Blé de Saint-Pol (Pas-de-Calais)..... | 1895.............. | 7.32 | 60 |
| | 1896.............. | 8.69 | 52 |
| Blé Stand'up (Pas-de-Calais)........ | 1895.............. | 6.48 | 61 |
| | 1896.............. | 7.19 | 44 |
| Blé de Bordeaux (Seine-et-Oise)..... | 1895.............. | 7.45 | 87 |
| | 1896.............. | 9.52 | 40 |
| Blé Dattel (Seine-et-Oise)......... | 1895.............. | 7.84 | 84 |
| | 1896.............. | 9.62 | 47 |
| Blé Goldendrop (Seine-et-Oise)...... | 1895.............. | 6.85 | 104 |
| | 1896.............. | 7.32 | 88 |
| Blé gris et Saint-Laud (Eure-et-Loir). | 1895.............. | 8.14 | 72 |
| | 1896.............. | 9.07 | 49 |
| Blé Dattel (Eure-et-Loir).......... | 1895.............. | 8.91 | 57 |
| | 1896.............. | 9.21 | 54 |
| Blé rouge prime et Saint-Laud (Maine-et-Loire)................ | 1895.............. | 7.58 | 57 |
| | 1896.............. | 8.66 | 39 |

| | | GLUTEN. | rapport | DÉNOMINATEUR du $\dfrac{\text{Gluténine}}{\text{Gliadine}}$ |
|---|---|---|---|---|
| Blé riz (Loire-Inférieure)........... | 1895................ | 9.89 | | 52 |
| | 1896............. | 8.84 | | 63 |
| Blé Tacon (Loire-Inférieure)........ | 1895................ | 8.22 | | 64 |
| | 1896............. | 6.80 | | 69 |
| Blé de Châteaubriant (Loire-Inférieure). | 1895............. | 7.10 | | 50 |
| | 1896............. | 8.76 | | 45 |
| Blé blanc de la Charente-Inférieure.... | 1895............ | 8.31 | | 70 |
| | 1896............. | 7.56 | | 77 |
| Blé rouge de la Charente-Inférieure.... | 1895............. | 7.98 | | 58 |
| | 1896............. | 8 36 | | 50 |
| Ghirka d'Alexandrewsk........... | 1895............. | 12.40 | | 50 |
| | 1896............. | 11.11 | | 65 |
| Blé d'hiver d'Odessa............ | 1895............. | 11.32 | | 61 |
| | 1896............. | 13.68 | | 59 |
| Ulka de Kherson............. | 1895............. | 11.66 | | 70 |
| | 1896............. | 12.36 | | 45 |
| Blé de Pologne 1re qualité.......... | 1895............. | 12.25 | | 61 |
| | 1896............. | 12.53 | | 46 |
| Sandomirka de Pologne........... | 1895............. | 9.90 | | 65 |
| | 1896............. | 8.20 | | 92 |
| Choice White Bombay............ | 1895............. | 9.53 | | 50 |
| | 1896............. | 8.16 | | 71 |
| F. A. Q. White Kurrachee.......... | 1895............. | 8.71 | | 47 |
| | 1896............. | 8.00 | | 63 |
| Choice Kurrachee............. | 1895............. | 7.79 | | 64 |
| | 1896............. | 8.06 | | 61 |
| Blé de Californie............. | 1895............. | 8.30 | | 64 |
| | 1896............. | 9.74 | | 58 |

L'examen comparatif des blés de même variété analysés pour les années 1895 et 1896 montre que dans quarante-deux cas, et pour l'une quelconque de ces années comparée à l'autre, la quantité de gluten s'est montrée différente. Le tableau précédent montre que dans vingt-huit de ces cas, soit les deux tiers, la composition immédiate du gluten a suivi la loi que nous avons énoncée précédemment. Sans rechercher les raisons, qui sont nombreuses, par lesquelles on peut expliquer l'existence des quatorze cas placés en dehors de cette règle, nous pouvons dire que l'un d'entre nous, dans des recherches faites en dehors de celles-ci, a eu l'occasion de vérifier souvent le fait de l'augmentation de la gluténine avec l'augmentation du gluten dans un blé comparé à sa semence. Mais le tableau suivant, qui donne pour les blés russes semés et récoltés à Gonesse et dont nous avons déjà parlé précédemment, la quantité de gluten et l'analyse de celui-ci faite comparativement à celle du gluten des semences prélevées sur les échantillons de 1896, montre qu'il y a bien lieu de maintenir la loi édictée précédemment comme une loi générale.

|  |  | GLUTEN. | GLIADINE p. 100 DE GLUTEN. |
|---|---|---|---|
| Blé de Pologne | 1896 | 12.53 | 64.80 |
|  | 1898 | 9.54 | 77.03 |
| Blé rouge de Bessarabie | 1896 | 11.25 | 63.77 |
|  | 1898 | 9.74 | 74.80 |
| Sandomirka de Pologne | 1896 | 8.20 | 78.64 |
|  | 1898 | 9.58 | 75.54 |
| Oulka du Dniéper | 1896 | 10.48 | 57.63 |
|  | 1898 | 9.82 | 74.35 |
| Ghirka du Dniéper | 1896 | 11.11 | 72.23 |
|  | 1898 | 9.58 | 76.76 |
| Blé d'hiver d'Odessa | 1896 | 13.68 | 70.24 |
|  | 1898 | 10.04 | 71.12 |
| Ghirka d'Odessa | 1896 | 13.18 | 73.40 |
|  | 1898 | 9.83 | 74.92 |
| Oulka de Kherson | 1896 | 12.36 | 64.29 |
|  | 1898 | 9.86 | 73.88 |

Ce tableau montre que, à Gonesse, tous les blés russes récoltés en 1898 avaient, sauf pour le blé Sandomirka, une teneur en gluten qui, pour la farine à 70 p. 100, était notablement inférieure à celle de 1896. Or, dans tous ces, cas la quantité de gliadine avait augmenté, ce qui est bien conforme à la loi posée précédemment. Mais bien plus, dans le blé Sandomirka pour lequel, contrairement à tous les autres, la quantité de gluten a augmenté de 1.40 p. 100 environ, la quantité de gliadine a diminué sensiblement ainsi que la règle que nous avons fixée permettait de le prévoir.

On remarquera cependant qu'il est impossible de fixer la loi de cette augmentation de la gluténine avec l'augmentation du gluten; tantôt lorsque cette dernière est faible la première est très grande et tantôt c'est le contraire qui se produit. C'est donc dans son acception la plus large que cette loi doit être envisagée jusqu'à nouvel ordre, et qu'on en doit tenir compte dans la culture rationnelle du blé. L'étude du grain de blé ayant été, depuis fort peu de temps, envisagée sous cette face par l'un de nous, nous ne savons rien encore de l'influence que, dans les méthodes de culture, les engrais notamment, peuvent avoir sur l'augmentation ou la diminution des éléments constituants du gluten. Mais il est facile de se rendre compte, par l'étude approfondie de ces tableaux d'analyse, qu'il n'est pas impossible de concilier la richesse en gluten avec une teneur favorable en gliadine et gluténine : c'est ainsi que dans les blés russes de 1895 et de 1896, ce phénomène se vérifie dans un certain nombre de cas et que, en France, pour ne citer que ceux-là, le blé de Bordeaux, d'Eure-et-Loir, en 1896, contient 11.26 p. 100 de gluten à 70.60 p. 100 de gliadine et que le blé Mouton de la Côte-d'Or, pour la même année, possède 9.27 p. 100 de gluten à 70.24 p. 100 du même élément, le gluten étant, bien entendu, rapporté à la farine à 70 p. 100 d'extraction.

VALEUR INDUSTRIELLE COMPARATIVE DES BLÉS FRANÇAIS ET ÉTRANGERS.

Pour établir exactement cette comparaison, il faut tenir compte : 1° De l'examen du grain entier; 2° de la composition des produits de sa mouture.

Étudions d'abord les réflexions que peut suggérer l'examen du grain entier des diverses variétés françaises et étrangères.

En France, la transformation de l'outillage de la meunerie, c'est-à-dire le remplacement des meules par les cylindres, a été dirigée par la nécessité d'obtenir des farines de plus en plus blanches, contenant par conséquent le moins possible de débris provenant de l'enveloppe et du germe. Malgré toutes les tentatives faites à diverses époques pour essayer de remonter ce courant industriel, les besoins de la consommation française en farines pures se sont accrus progressivement au fur et à mesure que se sont développés, dans les régions diverses, les idées de progrès esthétique que la civilisation entraîne avec elle. Aujourd'hui, dans notre pays, le rôle du pain blanc est nettement établi; et c'est à débarrasser la boulange de la plus grande partie possible des impuretés qu'elle contient que concourent tous les appareils installés dans le moulin moderne, à la suite des broyeurs et des convertisseurs.

Or, en dehors de leur composition intime, examinés par conséquent à l'état brut, tous les grains ne se prêtent pas, avec une égale facilité, à la transformation en farine blanche. Le degré d'humidité, la grosseur du grain, la proportion d'albumen que ce grain contient, sa structure interne sont les principaux facteurs qui interviennent pour déterminer, à ce point de vue spécial, la qualité du blé livré à la mouture.

En général les grains très secs, petits, à cassure cornée, caractéristique d'une grande richesse en gluten, se prêtent mal à la mouture actuelle; sous l'action des broyeurs, en effet, ils se brisent facilement en fragments plus ou moins petits auxquels l'enveloppe reste adhérente; cette enveloppe elle-même, à cause de son état de dessiccation qui lui enlève toute élasticité, se divise ultérieurement et traversant en plus ou moins grande proportion les diverses bluteries, vient donner à la farine une coloration variable avec la perfection plus ou moins grande du travail.

De tels grains, pour donner en blancheur un rendement favorable, doivent donc être travaillés avec soin, attaqués progressivement avec une sage lenteur par les engins de broyage et de convertissage, après avoir subi préalablement un mouillage qui, en relevant sensiblement le taux d'humidité de l'enveloppe, rend à celle-ci la plasticité nécessaire à sa séparation de l'albumen.

Cette particularité est, en général, l'apanage de la plupart des blés étrangers, et notamment des blés russes. Dans ces blés, en effet, la petitesse du grain s'associe à un faible taux d'humidité, à une cassure plus ou moins vitrifiée en même temps quelquefois qu'à une forte proportion d'enveloppe, provoquant ainsi des inconvénients contre lesquels le meunier doit et sait se mettre en garde, et qui, par conséquent, à ce point de vue, n'assurent pas à ces blés, à quelques exceptions près, un rang supérieur.

Il n'en est pas de même des blés français en général. Leur grain possède en effet

8.

une grosseur remarquable ; la proportion d'albumen qu'il contient est toujours plus élevée que celle des blés étrangers ; cet albumen présente presque toujours une cassure blanche opaque, pulvérulente, caractéristique d'une grande richesse en amidon ; enfin, le taux d'humidité plus élevé — trop élevé quelquefois — que celui des blés étrangers, assigne à son enveloppe une cohésion telle qu'elle s'aplatit sans se rompre et se sépare par conséquent très facilement de l'amande dont, au contraire, le degré de friabilité est extrême.

Il s'ensuit que, au point de vue spécial du travail de la mouture, c'est-à-dire au point de vue de la facilité que possèdent les différents grains de donner naissance à des farines blanches très épurées, les blés français doivent être classés au premier rang parmi les blés du monde entier.

Il n'en est malheureusement pas de même au point de vue de leur composition chimique, et le tableau suivant, qui donne pour 1895 et 1896 la quantité moyenne des divers éléments qui peuvent servir à une classification méthodique, montre suivant quel ordre peuvent se ranger les blés des différentes régions de France et de l'étranger, en laissant de côté l'Australie pour laquelle nous n'avons fait qu'une seule détermination.

| DÉSIGNATION. | ANNÉES. | DEGRÉ D'HUMIDITÉ. | PROPOR-TION D'ALBUMEN. | PROPORTION DE GLUTEN. | | |
| --- | --- | --- | --- | --- | --- | --- |
| | | | | FARINE. | BAS PRODUITS. | BLÉ ENTIER. |
| 1. Blés de Russie............ | 1895. | 12.19 | 82.88 | 11.77 | 5.87 | 10.00 |
| | 1896. | 12.71 | 82.23 | 11.58 | 5.02 | 9.62 |
| 2. Blés d'Algérie......... | 1895. | 13.19 | 82.76 | 9.87 | 5.29 | 8.49 |
| | 1896. | 12.53 | 83.01 | 9.94 | 3.80 | 8.08 |
| 3. Blés des États-Unis..... | 1895. | 11.60 | 83.07 | 8.30 | 3.85 | 6.96 |
| | 1896. | 13 26 | 82.72 | 10.57 | 3 90 | 8.26 |
| 4. Blés de Roumanie........ | 1896. | 12.64 | 83.57 | 9.77 | 3.08 | 7.76 |
| 5. France : Région de l'Est.. | 1895. | 14.53 | 82.29 | 8.94 | 3.68 | 6.62 |
| | 1896. | 13.89 | 82.79 | 8.58 | 3.99 | 7.18 |
| 6. France : Région de l'Ouest. | 1895. | 14.33 | 83.13 | 8.08 | 3.44 | 6.79 |
| | 1896. | 13.93 | 82.59 | 8.74 | 3.88 | 7.28 |
| 7. Blés des Indes.......... | 1895. | 11.88 | 83.29 | 8.67 | 3.05 | 6.99 |
| | 1896. | 13.40 | 83.35 | 8.07 | 2.38 | 6.36 |
| 8. France : Région du Sud-Ouest............. | 1895. | 13.89 | 82.64 | 8.66 | 3.08 | 6.98 |
| | 1896. | 13.13 | 83.23 | 7.96 | 4.00 | 6.73 |
| 9. France : Environs de Paris. | 1895. | 14.46 | 84.18 | 7.60 | 3.24 | 6.17 |
| | 1896. | 14.11 | 83.08 | 7.88 | 2.47 | 6.26 |
| 10. France : Région du Nord. | 1895. | 14.99 | 83.00 | 7.20 | 3.87 | 6.20 |
| | 1896. | 12.36 | 83.41 | 7.58 | 3.22 | 6.27 |

L'observation la plus générale suggérée par le tableau précédent est celle qui a trait à la proportion d'albumen contenu dans les diverses variétés de blés français et étrangers. Jusqu'ici, et d'après les recherches de l'un d'entre nous, cette proportion était fixée à 84 p. 100; on voit que les nombreuses analyses que nous avons exécutées pour le présent mémoire, à l'aide d'un procédé spécial dont nous avons précédemment démontré la supériorité sur l'ancien, abaissent cette proportion d'amande et la ramène au taux moyen de 82.5-83 p. 100 que nous admettrons désormais.

En ce qui concerne la composition chimique fixant la valeur alimentaire et, par conséquent, boulangère des différents blés, le même tableau permet de faire la classification générale suivante :

1° Au premier rang des blés du monde, tant par la constance de leur composition que par leur grande richesse en gluten, qui leur assure ainsi une valeur nutritive de premier ordre, viennent se placer les blés de Russie;

2° Au second rang et avec des qualités sensiblement égales entre elles, mais un peu inférieures déjà à celles des blés précédents, viennent se placer les blés d'Algérie, des États-Unis et de Roumanie;

3° En troisième lieu, et toujours en décroissant, viennent les blés français des régions de l'Est et de l'Ouest, les blés des Indes et les blés français de la région du Sud-Ouest;

4° Enfin, en quatrième lieu et avec des qualités égales, nous rangerons les blés français de la région des environs de Paris et de la région du Nord.

En ce qui concerne les blés français, on voit, par cette classification, que le rang qu'ils occupent est loin d'être celui que nous pensons qu'ils devraient et pourraient probablement tenir. Comparés aux blés de Russie, leur teneur en gluten s'abaisse progressivement de 3 à 4 p. 100, donnant ainsi naissance à des farines dans le travail de boulangerie devient parfois difficile et dont la composition ne permet pas toujours d'obtenir les produits réclamés par la clientèle d'un grand nombre de régions de notre pays.

A la vérité, cette infériorité dans la composition de nos blés, signalée depuis quelque temps déjà par l'industrie meunière et reconnue par différents auteurs qui se sont occupés de cette question, n'a pas toujours existé et il nous est facile d'en rechercher le point de départ. Pour cela nous aurons recours au tableau suivant qui, en regard de la production annuelle, donne la teneur moyenne, en gluten humide, des farines livrées sur le marché de Paris, teneur que M. Lucas, directeur du laboratoire des farines douze marques, a bien voulu relever pour nous la communiquer ensuite.

|  | PRODUCTION ANNUELLE. | TENEUR MOYENNE DES FARINES en gluten humide. |
|---|---|---|
|  | quintaux. | p. 100 |
| 1869 | 83,114,995 | 28.400 |
| 1870 | 〃 | 28.810 |
| 1871 | 53,342,842 | 30.340 |
| 1872 | 93,018,663 | 29.970 |
| 1873 | 63,057,353 | 28.010 |
| 1874 | 102,510,225 | 28.920 |
| 1875 | 77,488,842 | 29.677 |
| 1876 | 73,488,670 | 30.140 |

| | PRODUCTION ANNUELLE. | TENEUR MOYENNE DES FARINES en gluten humide. |
|---|---|---|
| | quintaux. | p. 100. |
| 1877 | 77,112,151 | » |
| 1878 | 73,358,437 | 27.528 |
| 1879 | 59,873,815 | 28.217 |
| 1880 | 75,504,773 | 29.515 |
| 1881 | 75,676,355 | 25.057 |
| 1882 | 93,483,716 | 24.762 |
| 1883 | 79,261,591 | 25.180 |
| 1884 | 88,234,081 | 25.448 |
| 1885 | 85,181,797 | 24.129 |
| 1886 | 82,357,588 | 24.627 |
| 1887 | 87,094,682 | 24.384 |
| 1888 | 74,969,693 | 25.265 |
| 1889 | 83,230,671 | 26.148 |
| 1890 | 89,733,991 | 25.072 |
| 1891 | 58,508,807 | 25.156 |
| 1892 | 84,567,242 | 25.477 |
| 1893 | 75,580,993 | 26.840 |
| 1894 | 93,671,456 | 25.527 |
| 1895 | 92,091,739 | 23.437 |

Si l'on examine le tableau précédent, on voit qu'on peut le diviser en deux grandes parties, l'une allant de l'année 1869 à l'année 1878 inclusivement, l'autre de l'année 1878 à l'année 1895. Dans la première période, la quantité de gluten est très élevée puisqu'elle correspond à 10 p. 100 de gluten sec et si on veut remarquer que ces farines étant blutées à 60-64 p. 100, la richesse en gluten serait un peu plus élevée pour la farine à 70 p. 100, on se rendra facilement compte que, à cette époque, nos blés n'étaient pas de beaucoup inférieurs aux blés russes dont nous avons donné précédemment la composition.

Dans la deuxième période, la quantité de gluten humide s'abaisse rapidement à 25 p. 100, la moyenne durant cet espace de temps étant fixée à ce chiffre c'est-à-dire à 8.33 p. 100 de gluten sec, en diminuant, par conséquent, de près de 2 p. 100 sur la première période.

À quelles causes générales ou particulières doit-on attribuer cette diminution dont l'importance est capitale ainsi que nous le montrerons tout à l'heure?

Il faut faire justice immédiatement de cette raison qui pourrait être invoquée que les importations et les admissions temporaires ont pu, pendant ces deux périodes et par l'introduction des blés riches en gluten, influer sur les résultats que nous venons de signaler. Le tableau suivant montre, en effet : 1° que durant la première période, les chiffres des importations sont notablement inférieurs à ceux de la seconde, alors que nos exportations en blés et farines sont beaucoup plus élevées dans celle-là que dans celle-ci ; 2° que durant ces deux périodes, jusqu'en 1893, les admissions temporaires sont faibles et se limitent à un taux sensiblement fixe.

| ANNÉES. | IMPORTATIONS. | | EXPORTATIONS. | | ADMISSIONS TEMPORAIRES. |
|---|---|---|---|---|---|
| | BLÉ. | FARINES. | BLÉ. | FARINES. | |
| | quintaux. | quintaux. | quintaux. | quintaux. | quintaux. |
| 1869. | 1,338,282 | 34,403 | 541,852 | 85,344 | 3,385,631 |
| 1870. | 3,773,331 | 328,265 | 233,251 | 53,383 | 2,432,801 |
| 1871. | 9,498,322 | 662,034 | 59,368 | 39,562 | 2,289,119 |
| 1872. | 4,045,184 | 139,518 | 2,341,924 | 543,185 | 1,834,822 |
| 1873. | 4,953,827 | 167,400 | 1,005,870 | 856,239 | 2,789,317 |
| 1874. | 7,900,873 | 212,820 | 732,087 | 684,962 | 2,373,706 |
| 1875. | 3,493,711 | 28,838 | 1,853,369 | 2,144,710 | 725,963 |
| 1876. | 5,281,459 | 40,607 | 661,260 | 1,307,426 | 1,407,305 |
| 1877. | 3,397,462 | 63,437 | 1,474,676 | 1,684,764 | 1,745,511 |
| 1878. | 13,873,473 | 74,437 | 96,484 | 363,084 | 2,385,564 |
| 1879. | 22,170,966 | 119,252 | 50,295 | 191,092 | 1,859,893 |
| 1880. | 19,999,437 | 280,643 | 88,941 | 151,812 | 1,143,265 |
| 1881. | 12,852,054 | 235,693 | 86,470 | 166,941 | 1,139,382 |
| 1882. | 12,946,981 | 326,656 | 84,004 | 97,412 | 1,617,981 |
| 1883. | 10,117,673 | 430,890 | 103,713 | 122,756 | 1,489,562 |
| 1884. | 10,549,219 | 503,491 | 39,518 | 107,084 | 1,079,808 |
| 1885. | 6,457,861 | 298,438 | 74,282 | 86,363 | 836,825 |
| 1886. | 7,097,486 | 252,643 | 28,365 | 76,539 | 886,557 |
| 1887. | 8,967,143 | 190,727 | 9,478 | 48,262 | 1,331,491 |
| 1888. | 11,357,123 | 277,632 | 13,412 | 92,153 | 2,048,897 |
| 1889. | 11,417,592 | 305,829 | 11,048 | 113,770 | 2,186,042 |
| 1890. | 10,552,014 | 317,458 | 5,874 | 85,568 | 2,112,160 |
| 1891. | 19,601,834 | 742,027 | 7,362 | 66,201 | 3,375,511 |
| 1892. | 18,842,370 | 425,566 | 8,410 | 127,640 | 1,949,977 |
| 1893. | 10,031,629 | 159,013 | 17,796 | 196,798 | 2,995,089 |
| 1894. | 12,496,188 | 202,291 | 31,891 | 245,475 | 3,498,856 |
| 1895. | 4,507,298 | 348,275 | 21,817 | 133,694 | 5,331,692. |

Il faut donc chercher ailleurs, pour nos blés nationaux, la cause de la diminution du gluten, qui a comme corollaire la diminution des matières azotées totales. Certains esprits inclinent à placer cette cause dans l'augmentation de la production, qui, en effet, et ainsi qu'on peut s'en rendre compte par les tableaux précédents, se relève sensiblement dans la deuxième période. — en mettant de côté, bien entendu, dans chaque cas, les années exceptionnelles et défavorables — comme si la répartition des matières azotées disponibles, faite sur une plus grande quantité de grain, abaissait proportionnellement la richesse de celui-ci, ou comme si les doses d'engrais azotés répandus sur le sol ne compensaient pas, à la longue, les quantités d'azote emportées par les récoltes successives.

Nous n'avons pas la prétention, malheureusement, de résoudre ici le problème ainsi posé, mais il nous semble que les analyses que nous avons données précédemment nous permettent d'émettre un avis dont nous pensons que l'agriculture française aurait tort, dans l'avenir, de ne pas envisager sérieusement la portée.

Nous croyons, en effet, et les résultats de notre étude montrent, que c'est moins dans l'augmentation proprement dite de la production que dans l'introduction immo-

dérée des variétés d'origine étrangère dites à grand rendement, dont la valeur industrielle n'a jamais été envisagée ni étudiée, que réside cet abaissement de la teneur en
gluten de nos farines. Et c'est là, précisément, une conclusion importante, dont nous
avons fait pressentir la recherche dès le début de ce mémoire, que nous allons développer en montrant que c'est par elle que peuvent se concilier à la fois et les intérêts
de l'agriculture et ceux de l'industrie meunière nationales.

Nous avons dit précédemment que, envisagé simplement sous l'aspect agricole, tenant compte de la production totale de blé et des importations formant le complément
de la quantité nécessaire à notre consommation, le problème à résoudre par l'agriculture française était le suivant : augmenter d'un peu plus d'un hectolitre par hectare la
récolte moyenne afin de porter ainsi la récolte totale annuelle à un chiffre tel que
nous puissions nous passer du concours de l'étranger [1].

L'étude que nous venons de faire nous permet de dire maintenant que seule, l'exécution de ce programme n'est pas suffisante et que, pour affranchir notre industrie
meunière du concours de l'étranger et pour répondre, par conséquent, aux besoins de
notre consommation, nos producteurs de blé doivent se pénétrer de cette idée qu'il
leur faut envisager, dans les variétés choisies, non seulement le rendement à l'hectare
mais aussi la richesse en gluten qu'ils doivent s'efforcer de porter à un taux aussi grand
que possible.

Il nous est facile de montrer qu'il en est bien ainsi. C'est le gluten, en effet, qui
donne aux farines leur valeur boulangère; c'est à lui qu'elles doivent la propriété de
pouvoir subir le travail de la panification, et lorsque cet élément diminue dans de
grandes proportions, les produits fabriqués baissent de qualité au point de ne plus
pouvoir être livrés à certaines catégories de consommateurs, en même temps que les
matières premières elles-mêmes cessent d'être aptes à certaines transformations spéciales à la boulangerie et à la pâtisserie.

Au point de vue de la consommation, nous avons déjà dit que les besoins étaient
fort variables. A Paris, la population, dont l'alimentation est très variée, exige surtout
du boulanger que le pain soit blanc, et celui-ci, obtenu à l'aide d'une pâte peu ferme,
présente, en général, une mie très courte, caractéristique des farines assez peu riches
en gluten qui ont servi à la préparer.

Si nous descendons vers l'Est, à la hauteur de Dijon et dans les départements en-
vironnants, la situation est déjà toute changée : là, le consommateur exige un pain
plus riche en matière azotée et le meunier ne peut fournir au boulanger la farine qu'il
exige sans relever le taux en gluten de nos blés français par une addition de blé russe
ou autre faite à un chiffre qui peut varier, mais descend rarement au-dessous
de 15 p. 100.

Plus bas encore, à Lyon, par exemple, la teneur en gluten doit être plus grande
encore et la proportion de blé russe ajouté atteint quelquefois 40 et 45 p. 100.

Dans la vallée du Rhône et jusqu'à Marseille le même phénomène se continue en
prenant des proportions plus grandes encore. Les variétés de blé cultivées dans cette
région sont toutes spéciales : elles sont connues sous le nom de saisettes et de tuzelles.
Nous ne les avons pas analysées parce qu'elles n'ont qu'un marché limité, mais nous
pouvons dire que les saisettes, qui tiennent le premier rang, donnent des farines dont

[1] Voir la note 2 de la page 1033.

la teneur en gluten atteint 12 p. 100, les tuzelles venant ensuite avec des produits à 10 p. 100 de gluten environ. Ces blés possèdent donc une valeur industrielle remarquable et malgré tout, ils ne peuvent être broyés sans avoir subi une addition de blés étrangers, choisis parmi les plus riches en gluten, venant de Russie ou de Sibérie, parce que là, le consommateur exigeant un pain très nutritif, à mie longue et élastique, le boulanger doit pétrir sa farine en pâte aussi ferme que possible.

Ces considérations montrent bien que, ne trouvant pas dans les blés de production française les qualités qui lui sont nécessaires, le meunier, pour satisfaire les besoins de sa clientèle, est souvent obligé d'avoir recours au commerce des blés étrangers sous peine de voir péricliter son industrie. Elles mettent en relief, en même temps, tout l'intérêt que présente, pour notre agriculture, la recherche et le développement des variétés riches en gluten.

Mais, il est un autre point de vue sur lequel nous devons insister également, c'est celui que nous envisagions tout à l'heure en disant que, lorsque la richesse en gluten des farines s'abaisse d'une façon trop sensible, celles-ci cessent de se prêter à certaines préparations alimentaires, réclamées principalement par les consommateurs des grandes villes, pains de fantaisie et de luxe, pâtisseries spéciales, etc., et c'est encore à l'étranger que, pour ces besoins particuliers, le boulanger doit s'adresser pour trouver les produits répondant aux besoins de sa fabrication. Et dans ce cas, notre agriculture se trouve frappée d'un préjudice sans compensation ainsi qu'on va le voir.

On sait, en effet, comment fonctionne, dans la pratique, le régime des blés introduits en France sous le bénéfice de l'admission temporaire. Ces blés sont mélangés, comme nous le disions tout à l'heure, en proportions variables, à des blés français, transformés en farine de différents types dont une partie est écoulée à l'intérieur, dont l'autre sert à l'apurement des acquits et, par conséquent, à l'écoulement, vers l'extérieur, d'une proportion notable de nos blés nationaux.

Mais il n'en est pas de même dans le cas qui nous occupe actuellement. Pour ces besoins spéciaux, c'est sous forme de farine et de gruaux, provenant pour la plus grande partie d'Autriche-Hongrie, que les produits nécessaires sont introduits, sans sortie, par conséquent, d'une quantité équivalente de farine française. Il existe donc là un préjudice direct causé aux produits de notre agriculture et dont les chiffres suivants montrent l'importance pour les quatre dernières années.

QUANTITÉS DE FARINES ET GRUAUX PROVENANT D'AUTRICHE-HONGRIE.

| | |
|---|---|
| 1895 | 113,083 quintaux. |
| 1896 | 123,585 |
| 1897 | 124,372 |
| 1898 | 100,135 |

Ces farines d'ailleurs ne sont pas les seules qui sont introduites en France pour les nécessités de notre alimentation et l'un des tableaux précédents montre que, pour les six dernières années, la différence moyenne entre nos importations et nos exportations est de 22,320,800 kilogrammes.

La conclusion à tirer de ces observations successives est très simple : abstraction faite de toutes les autres considérations qui peuvent intervenir dans l'examen de la question du blé et qu'il n'est pas dans notre rôle d'examiner ici, les nécessités de l'industrie meunière, combinées par les analyses contenues dans le présent mémoire, montrent que l'affranchissement de l'importation étrangère, au profit de notre agriculture nationale, réside dans la recherche et la culture développée des blés riches en gluten.

Cette recherche est-elle impossible? Il ne nous le paraît pas; mais il nous est permis maintenant de dire que, pour cela, c'est aux vieilles variétés françaises qu'il faudra s'adresser plutôt qu'aux variétés d'importation; et, dans tous les cas, on ne devra jamais adopter celles-ci sans avoir constaté par l'analyse la supériorité qu'elles peuvent présenter sur les autres.

Il suffit, en effet, de consulter les résultats précédents et le tableau de classification que nous venons de donner pour voir : 1° que ce sont précisément les deux régions du Nord et des environs de Paris dans lesquelles la culture de ces variétés étrangères (Victoria, Stand'up, Goldendrop, etc.) a reçu un grand développement, qui présentent, pour leurs blés, les qualités les plus basses; 2° que la teneur en gluten de ces blés, de variétés étrangères, dans chaque région où il nous a été donné de les examiner, est toujours notablement inférieure à celle des blés de variétés françaises cultivés concurremment.

Il nous faut cependant faire une exception pour le blé Dattel, créé par M. Vilmorin par croisement des variétés Prince-Albert et Chiddam, et qui, dans les régions de Paris et de l'Ouest, a donné des farines riches à plus de 9.50 p. 100 de gluten.

Parmi les variétés d'origine française, l'étude de nos tableaux prouve que, dans chaque région, quelques-unes se montrent supérieures aux autres et leur rendement actuel à l'hectare, accompagnant leur richesse en gluten, les recommande tout particulièrement à l'attention des cultivateurs. Dans la région du Nord, les anciens blés de Flandre et de Bergues, le blé de Saint-Pol, malgré la défaveur dans laquelle on les tient aujourd'hui en les chargeant d'un grand nombre de défauts, sont, malgré une dégénérescence à laquelle on pourrait peut-être chercher à remédier par une sélection nouvelle, bien supérieurs encore aux variétés qu'on leur a substituées.

Dans la région des environs de Paris, les blés de Bordeaux, Nonette de Lausanne, Dattel tiennent un rang honorable qui laisse bien loin les variétés Victoria et Goldendrop.

Dans la région de l'Est, le blé de Pel et Der notamment mérite une attention toute spéciale, et les blés Mouton, de Sennevoye et de Louesmes, qui viennent ensuite, ont une importance qui n'est pas négligeable.

Dans la région de l'Ouest enfin, nous retrouvons le blé de Bordeaux avec une composition qui, dans certains cas, en fait l'égal des blés russes, et les variétés Gris-de-Saint-Laud, Riz et Dattel sont dignes, également, de la confiance qu'on leur a accordée jusqu'ici.

Et s'il nous est permis de tirer de cet ensemble une conclusion générale, nous la formulerons ainsi : Loin d'être opposés, les intérêts de l'agriculture et de l'industrie meunière nationales sont étroitement liés et exigent la production de blés capables de donner des farines blanches aussi riches en gluten que possible, laissant un résidu fortement alimentaire qui se prête au premier chef à l'alimentation des animaux, c'est-à-dire à la production de la viande; c'est moins par le choix irraisonné de variétés nouvelles et nombreuses que par une sélection faite parmi celles déjà existantes, en prenant comme base le rendement à l'hectare en même temps que la valeur industrielle déterminée par l'analyse, que ce résultat sera atteint au détriment de la concurrence étrangère.

Des essais ont été entrepris, dès 1882, dans une direction un peu différente de celle que nous conseillons aujourd'hui, par MM. Gatellier, L'Hôte et Schribaux, mais il ne semble pas qu'ils aient été suivis d'un long effet; il en est de même des efforts tentés sur le même sujet, en France, par divers autres expérimentateurs distingués; nous serons largement payés de notre peine si le présent travail, en précisant certains faits importants, contribue à éclairer ce débat et à entraîner les cultivateurs dans une voie qui les conduira certainement à des résultats féconds pour l'agriculture et, par conséquent, pour la richesse nationale.

---

OBSERVATION. — Ce mémoire était rédigé lorsque l'abondance de la récolte de 1899, s'ajoutant à celle de l'année précédente, est venue créer sur le marché, aux blés français, la situation actuelle. Cette situation est telle que, la faiblesse des récoltes futures devenant de plus en plus problématique, il faut songer à favoriser l'exportation de nos excédents. Or, c'est un fait certain que les farines extraites de nos blés nationaux ne peuvent aborder le marché étranger sans avoir reçu, par l'addition de farines de blés exotiques, un complément de gluten de 1 à 2 p. 100 au minimum. La conclusion principale à laquelle le travail précédent nous a conduits reste donc entière et la recherche des variétés riches en gluten doit toujours, par conséquent, être envisagée avec le plus grand soin par notre agriculture.

E. FLEURENT.



IMPRIMERIE NATIONALE. — Février 1900

www.ingramcontent.com/pod-product-compliance
Lightning Source LLC
LaVergne TN
LVHW010357060726
842526LV00005B/1375